5ª edição

manual de AVALIAÇÕES E PERÍCIAS EM IMÓVEIS URBANOS

De acordo com a nova norma NBR 14653 – Avaliações de Imóveis Urbanos e com a Norma para Avaliação de Imóveis Urbanos Ibape/SP – 2011

José Fiker

5ª edição

manual de AVALIAÇÕES E PERÍCIAS EM IMÓVEIS URBANOS

De acordo com a nova norma NBR 14653 – Avaliações de Imóveis Urbanos e com a Norma para Avaliação de Imóveis Urbanos Ibape/SP – 2011

oficina de textos

1ª reimpressão 2020 | 2ª reimpressão 2022

Grafia atualizada conforme o Acordo Ortográfico da Língua Portuguesa de 1990, em vigor no Brasil desde 2009.

Capa e projeto gráfico Malu Vallim
Diagramação Douglas da Rocha Yoshida
Preparação de figuras Beatriz Zupo
Preparação de texto Hélio Hideki Iraha
Revisão de texto Natália Pinheiro
Impressão e acabamento Mundial gráfica

Dados Internacionais de Catalogação na Publicação (CIP)
(Câmara Brasileira do Livro, SP, Brasil)

Fiker, José
Manual de avaliações e perícias em imóveis urbanos / José Fiker. -- 5. ed. -- São Paulo :Oficina de Textos, 2019.
"De acordo com a nova norma NBR 14653-2 - Avaliações de Imóveis Urbanos e com a Norma para Avaliação de Imóveis Urbanos Ibape/SP - 2011".

Bibliografia.
ISBN 978-85-7975-314-5

1. Imóveis - Avaliação - Brasil 2. Prova pericial - Brasil I. Título.

18-22579 CDD-333.3370981

Índices para catálogo sistemático:
1. Brasil : Avaliações e perícias : Imóveis urbanos : Economia 333.3370981

Cibele Maria Dias - Bibliotecária - CRB-8/9427

Rua Cubatão, 798
CEP 04013-003 São Paulo-SP – Brasil
tel. (11) 3085 7933
site: www.ofitexto.com.br
e-mail: atend@ofitexto.com.br

Agradecimentos

Andreína Nigriello

Hélio Roberto Ribeiro de Caires

Paulo Grandiski

Osório A. Gatto

Patrícia Porto Schartner

Nélson Roberto Pereira Alonso

Mauro Abramvezt

Joaquim da Rocha Medeiros Jr.

Stela Cutolo

Thays Felisolla Fuzinato

Carolina Parada

Carolina Leme Brizolla

Dedico a

Leão, Betia e Raul Fiker (*in memoriam*)

Cecília, Adriana e Daniel Fiker

APRESENTAÇÃO

Anos atrás, respondendo aos estímulos de amigos da área do Direito, vi abrir-se à minha frente um mundo de novas perspectivas. Apesar da qualidade técnica bastante sofrível dos primeiros trabalhos, fui tomado por um forte sentimento de identificação. Aos poucos fui abandonando minhas outras atividades para me dedicar integralmente a um campo de atuação profissional que apaixona e absorve.

A necessidade premente de aprimorar meus conhecimentos incipientes levou-me às portas do Instituto Brasileiro de Avaliações e Perícias de Engenharia de São Paulo (Ibape/SP). José Fiker estava entre os diversos instrutores – hoje amigos e companheiros de muitas batalhas – daquele Curso Básico de Avaliação de Imóveis Urbanos.

Contaminado pelos fluidos que permeiam o ambiente da Casa dos peritos e avaliadores de São Paulo, que têm entre suas destacadas fontes de emanação a figura do autor desta importante obra bibliográfica, vi minha militância atingir níveis inimagináveis.

Acompanho desde então, muito de perto, a vida de nosso segmento profissional e constato que a presença de Fiker é uma constante em diversas das atividades que permanentemente nos batemos a desenvolver, mas é no ensino que sinto seu maior entusiasmo. Transmitir conhecimento é arte que poucos dominam. Mais, é profissão de fé, um gesto de grandeza.

O texto que ora nos é entregue constitui um verdadeiro manual cuja leitura certamente será de grande proveito a todos. Principiantes e veteranos, alunos e professores. O autor nos brinda com um amplo registro da matéria cujo conteúdo apresenta-se atualizado pelo resultado dos mais recentes documentos técnicos produzidos pela comunidade, há muito envolvida num profundo e rico processo de discussões conceituais.

Ao oferecer tal material ao meio técnico José Fiker cumpre, mais uma vez, com a função de educador e, na condição de membro de grande relevo, honra o Ibape/SP, que tem entre seus objetivos fundamentais a difusão de cultura técnica e o aperfeiçoamento daqueles que se dedicam às avaliações.

Eng. Octavio Galvão Neto
Presidente do Ibape/SP

PREFÁCIO

Este livro tem como objetivo ensinar as técnicas de avaliação de imóveis e os procedimentos periciais no estado da arte, com uma visão prática do assunto.

Assim, retomamos todos os princípios da avaliação clássica, agora sob a ótica das novas normas de avaliação de bens da Associação Brasileira de Normas Técnicas (ABNT) – NBR 14653-1/2001, introduzindo os novos conceitos de especificação dos trabalhos avaliatórios, que abandonam os já superados níveis de rigor e estabelecem novas diretrizes para a apresentação de laudos, e apresentando a avaliação por tratamento de fatores de acordo com a norma para avaliação de imóveis urbanos do Instituto Brasileiro de Avaliações e Perícias de Engenharia de São Paulo (Ibape/SP). Os fatores utilizados são específicos para São Paulo, mas os conceitos são válidos para qualquer região. É preciso adequar os fatores e as zonas de norma às regiões onde são realizadas as avaliações, lembrando-se sempre de proceder à validação dos fatores utilizados. As próprias zonas de norma devem ser adaptadas à realidade local.

A par disso tudo, introduzimos capítulos sobre o método evolutivo e o método comparativo na avaliação de unidades padronizadas.

Sobre avaliação de aluguéis, sugerimos e exemplificamos o uso do método comparativo direto conforme recomendação expressa no Seminário Paulista do Ibape/SP de Avaliações e Perícias de 1992.

Introduzimos três novos capítulos sobre avaliação de glebas urbanizáveis, avaliações econômicas e inferência estatística, dando um cunho prático ao primeiro, com o uso da fórmula simplificada de avaliação de glebas partindo do valor do lote, e, no caso de avaliações econômicas e inferência estatística, conceituamos essas duas técnicas avaliatórias, dando as principais diretrizes para sua aplicação. No caso da inferência, limitamo-nos a conceituar essa técnica, para que, no emprego dos *softwares* disponíveis, o usuário entenda bem em que consiste o seu instrumento de trabalho.

Ingressamos na parte dos procedimentos judiciais, com um capítulo que é um verdadeiro curso sobre como se desenvolve um processo judicial, a linguagem jurídica e a atuação do perito e dos assistentes técnicos, bem como a legislação atinente a essas atividades.

Para completar, são apresentados laudos verídicos sobre caso real de perícia, os quais são analisados e comentados quanto a sua estrutura e conteúdo.

Encerramos a obra com dois artigos de nossa lavra, um sobre a necessidade do ensino de engenharia legal nas faculdades de Engenharia e de Direito e outro sobre a evolução das normas de engenharia de avaliação e perícias desde os seus primórdios.

Esperamos, com isso, contribuir para o engrandecimento desse nosso ramo de atividade, desejando a todos os mais fervorosos votos de sucesso.

Eng. José Fiker

SUMÁRIO

1 MÉTODOS DE AVALIAÇÃO

Conforme a NBR 14653-1 (ABNT, 2001), os principais métodos para identificar o valor de um bem são:

- *Método comparativo direto de dados de mercado*: "identifica o valor de mercado do bem por meio de tratamento técnico dos atributos dos elementos comparáveis, constituintes da amostra".
- *Método involutivo*: "identifica o valor de mercado do bem, alicerçado no seu aproveitamento eficiente, baseado em modelo de estudo de viabilidade técnico-econômica, mediante hipotético empreendimento compatível com as características do bem e com as condições do mercado no qual está inserido, considerando-se cenários viáveis para execução e comercialização do produto".
- *Método evolutivo*: "identifica o valor do bem pelo somatório das parcelas componentes do mesmo. Caso a finalidade seja a identificação do valor de mercado, deve ser considerado o fator de comercialização, preferencialmente medido por comparação no mercado".
- *Método da capitalização da renda*: "identifica o valor do bem, com base na capitalização presente da sua renda líquida prevista, considerando-se cenários viáveis".

2

PESQUISA DE VALORES

O método mais recomendável para a avaliação de terrenos urbanos é o comparativo. Por esse método, conforme já visto, o valor do imóvel é obtido pela comparação de dados de mercado relativos a outros imóveis de características similares. Para tanto, o profissional deve-se valer de fontes de informação, entre as quais se destacam as transações e os anúncios de ofertas.

Informações sobre transações podem ser obtidas em cartórios de registros de imóveis, em tabelionatos e em corretores de imóveis e imobiliárias. Em todos os casos, o profissional avaliador deve-se acautelar quanto à veracidade das informações obtidas: compromissos de compra e venda particulares podem refletir melhor as condições prováveis de preços reais de transações do que escrituras definitivas. Isso porque, nos compromissos, comprador e vendedor se cercam de cuidados para evitar inadimplências contratuais, enquanto nas escrituras definitivas pode ser conveniente para ambos, por razões tributárias, que o imóvel fique registrado por preço superior ou inferior ao efetivo.

Os elementos oriundos de anúncios e ofertas podem ser obtidos em jornais, corretores ou organizações imobiliárias. Os anúncios nem sempre trazem todos os dados necessários à pesquisa e devem sempre ser comprovados com uma visita até o local da oferta.

Da pesquisa de elementos, transações ou ofertas, deverão constar os seguintes dados:

- data da transação, do compromisso, do anúncio ou da oferta;
- fontes de informação;

- se for transação ou compromisso: tabelionato, cartório ou registro de imóveis, número de transcrição, da inscrição ou do registro, número do livro e de folhas e natureza do documento pesquisado;
- se for anúncio: nome do jornal ou da publicação, página, nome, endereço e telefone;
- se for oferta ou informação: nome, endereço e telefone do informante;
- localização: endereço do imóvel pesquisado (rua e número, ou quadra e lote), distância da esquina mais próxima ou da via pública mais conhecida, bairro, setor e quadra da planta genérica de valores da prefeitura; no caso de terrenos urbanos e imóveis rurais, devem ser fornecidas as indicações que possibilitem a sua localização;
- dimensões: testada, profundidade e área;
- preço e condições de venda;
- croqui elucidativo com a posição do imóvel pesquisado na quadra, sua forma aproximada e dimensões.

A norma de avaliação de bens da ABNT (NBR 14653) prescreve que, na coleta desses dados, devem ser observados os seguintes pontos:

- *Aspectos quantitativos*: é recomendável buscar a maior quantidade possível de dados de mercado, com atributos comparáveis aos do bem avaliando.
- *Aspectos qualitativos*: na fase de coleta de dados, é recomendável:
  - buscar dados de mercado com atributos o mais semelhantes possível aos do bem avaliando;
  - identificar e diversificar as fontes de informação, sendo que as informações devem ser cruzadas, tanto quanto possível, com o objetivo de aumentar a confiabilidade dos dados de mercado;
  - identificar e descrever as características relevantes dos dados de mercado coletados;
  - buscar dados de mercado de preferência contemporâneos à data de referência da avaliação.
- *Situação mercadológica*: "na coleta de dados de mercado relativos a ofertas é recomendável buscar informações sobre o tempo de exposição no mercado e, no caso de transações, verificar a forma de pagamento praticada e a data em que as mesmas ocorreram".

Apesar da tentativa de busca por dados semelhantes aos do bem avaliando, com frequência os terrenos não são absolutamente idênticos em forma, dimensões, topografia, localização, época da oferta ou transação etc., tornando difícil uma comparação direta.

Cumpre, pois, homogeneizá-los para possibilitar a comparação. A homogeneização consiste em aplicar coeficientes corretivos do preço do terreno em oferta ou transação para um preço que o terreno teria se tivesse dimensões ideais (frente de referência, profundidades mínima e máxima recomendadas para o local etc.), se a época da oferta ou transação fosse a da data da avaliação e se o imóvel estivesse localizado no local em que está o terreno objeto da avaliação.

Assim, são considerados os seguintes fatores:

- redução do preço à vista;
- correção da elasticidade da informação pelo fator de fonte;
- cálculo da profundidade equivalente e do fator de profundidade;
- cálculo do fator de frente;
- cálculo do fator de transposição;
- cálculo do fator de atualização;
- cálculo do fator de zona.

2.1 Redução do preço à vista

Para ofertas a prazo em que não haja indicação de reajuste, deve-se descontar a correção da moeda previsível na data da oferta.

Se as ofertas não fazem indicação de cobrança de juros, deve-se descontar 12% ao ano, e, se não especificam facilidades, deve-se admitir que essas facilidades são as normalmente consideradas no local da pesquisa.

2.1.1 Exemplo

- Local: Avenida Rio Branco.
- Setor: 01 – Quadra 54.
- Área: 700,00 m² – frente – 25,00 m.
- Preço: R$ 840.000,00, com 50% à vista e o restante em seis meses, sem juros.
  Fonte: Embraesp – Informante: L. P. Bemtim – Fone: 36-2801.

Cálculos:

$$V_V = V_t/A \cdot (0{,}5 + 0{,}5 \cdot FVA/n)$$

em que:

V_V = valor à vista por metro quadrado do terreno da amostra;

V_t = preço total do terreno da amostra;

A = área do terreno da amostra;

FVA = fator de valor atual = 4,7665 para 7% ao mês (considerada previsão inflacionária de 6% ao mês mais 1% ao mês de juros já considerados no preço, dada a condição expressa "sem juros");

0,5 = 50% à vista e 50% em seis meses sem juros;

n = número de prestações (meses) = 6.

Efetuando as substituições:

$$V_V = \text{R\$ } 840.000{,}00/700{,}00 \text{ m}^2 \times (0{,}5 + 0{,}5 \times 4{,}7665/6) = \text{R\$ } 1.076{,}65/\text{m}^2$$

2.2 Correção da elasticidade da informação pelo fator de fonte

Para quaisquer ofertas, deve-se proceder a um desconto de no mínimo 10%, admitindo--se todas superestimadas.

2.2.1 Exemplo

Na oferta da Avenida Rio Branco citada, multiplica-se o valor encontrado por 0,90.

$$V_1 = V_V \cdot 0{,}9 = \text{R\$ } 1.076{,}65 \times 0{,}9 = \text{R\$ } 968{,}98/\text{m}^2$$

2.3 Cálculo da profundidade equivalente e do fator de profundidade

A profundidade equivalente é o resultado da divisão da área do terreno pela sua frente projetada.

As profundidades recomendadas como máxima e mínima para cada região acham-se discriminadas no Cap. 3. No caso da oferta da Avenida Rio Branco, a profundidade equivalente é:

$$P_e = 700{,}00 \text{ m}^2/25{,}00 \text{ m} = 28{,}00 \text{ m}$$

As profundidades máxima e mínima recomendadas para o local são 30,00 m e 15,00 m, respectivamente. Uma vez que o valor de 28,00 m está compreendido entre as duas, não há o que se corrigir.

2.4 Cálculo do fator de frente

Frente projetada é a projeção da frente real sobre a perpendicular à menor das dividas, quando ambas são oblíquas no mesmo sentido. É a corda no caso de frentes curvas, e é a frente prolongada no caso de esquinas chanfradas.

A frente projetada deverá ser relacionada a uma das frentes de referência recomendadas no Cap. 3.

2.5 Cálculo do fator de transposição

Para o cálculo do fator de transposição, utilizam-se:

- índices de plantas genéricas de valores;
- valores de lançamentos fiscais.

As normas, em geral, recomendam evitar índices maiores que o dobro ou menores que a metade do índice do local da avaliação.

Com número grande de elementos, pode-se abandonar os de esquina ou de mais frentes, de homogeneização duvidosa.

2.5.1 Exemplo

- Local: Rua Vitória, 485, entre a Avenida Rio Branco e a Rua Guaianazes.
- Setor: 08 – Quadra 80 – Fator local: 7.875.
- Área: 14,00 m × 39,00 m = 546,00 m^2.
- Preço: R$ 436.800,00 à vista.
  Fonte: Embraesp – Fone: 571-4530 – Data: 30/08/1981.

Pretende-se saber quanto valeria o terreno se estivesse localizado na Avenida Rio Branco, Setor 8, Quadra 81 – Fator local de 14.579.

Considerando o fator de transposição, o cálculo é feito do seguinte modo:

$$V_t = \text{R\$ } 436.800{,}00/546{,}00 \text{ m}^2 \times (14.579/7.875) \times 0{,}9$$
$$V_t = \text{R\$ } 1.332{,}93/\text{m}^2$$

2.6 Cálculo do fator de atualização

Como o exemplo citado é uma oferta de agosto de 1981, para obter seu valor em outubro de 1981 basta dividir o valor pelo índice de custo de vida (no caso, será utilizado o da Fundação Instituto de Pesquisas Econômicas da USP) de agosto de 1981 e multiplicá-lo pelo índice estimado de outubro de 1981.

Considerando o fator de atualização, tem-se:

$$V_t = \text{R\$ } 1.225{,}40/\text{m}^2\ (3.480.000{,}00/3.092.191{,}00)$$

$$V_t = \text{R\$ } 1.379{,}08/\text{m}^2$$

As normas, em geral, recomendam evitar elementos de amostra com mais de dois anos da data da avaliação. A Portaria 02/86 dos MM. Juízes das Varas da Fazenda Municipal estabelece em seu Art. 1º que o período antecedente não pode ser superior a seis meses da data da avaliação. Em caso de impossibilidade, deve o perito justificar e proceder à adequação, demonstrando eventual valorização ou desvalorização. Recomenda-se, em face das condições de mercado, sempre que possível, que sejam abandonados elementos com mais de três meses da data do laudo, principalmente em épocas de inflação alta.

2.7 Cálculo do fator de zona

Há ainda que se considerar que a pesquisa de valores deve abranger elementos da mesma região geoeconômica e que devem ser evitados elementos de zonas de uso (previstas nas leis de zoneamento) diferentes das do imóvel em avaliação e de setores fiscais diferentes dos do terreno considerado. Porém, nem sempre isso é possível. Nesse caso, tiram-se médias de preços de elementos de mesma zona, isto é, a média de elementos de zona 2, por exemplo, e de zona 3. Dividindo-se uma média pela outra, tem-se o fator de zona.

Calculados os resultados homogeneizados de todos os elementos da pesquisa, procede-se à determinação da média aritmética dos unitários. Em seguida, eliminam-se os elementos com valores 30% acima e 30% abaixo da média, determinando-se com os elementos restantes uma nova média e limites pelo mesmo princípio. Se dados eliminados na primeira etapa estiverem dentro desses limites, deverão ser reincluídos no rol, para serem repetidas as mesmas operações, até que todos os seus componentes atendam ao intervalo de mais ou menos 30% em torno da última média.

3

AVALIAÇÃO DE TERRENOS URBANOS

Na avaliação de terrenos loteados, não industriais, devem ser levados em conta os seguintes elementos: área, profundidade, frente, topografia e consistência do solo e, principalmente, localização.

3.1 Zonas de norma do Ibape/SP (2018)

3.1.1 Grupo I – Zonas de uso predominantemente residencial e ocupação horizontal

- 1ª *zona – residencial horizontal de padrão popular*: encontrada em regiões periféricas ou ocupações irregulares e dotada de pouca infraestrutura urbana, alta densidade de ocupação e concentração de famílias de baixa renda. Os lotes possuem dimensões reduzidas, em média e aproximadamente de 125,00 m², e as edificações predominantes são de padrão proletário, geralmente associadas à autoconstrução e ao uso mínimo de materiais de acabamento.
- 2ª *zona – residencial horizontal de padrão médio*: zona cuja característica é de ocupação horizontal, com predominância de casas e rara presença de comércio. É dotada de infraestrutura básica, com população concentrada em renda média. Os lotes possuem dimensões em torno de 250,00 m² e as edificações são de padrão médio, podendo ser térreas ou assobradadas, isoladas ou geminadas, caracterizadas por acabamentos econômicos, porém de boa qualidade.
- 3ª *zona – residencial horizontal de padrão alto*: compreende as regiões dotadas de infraestrutura completa e ocupadas exclusivamente

por casas de alto padrão, com arquitetura diferenciada das edificações, geralmente com projetos personalizados. Nesses locais, predominam terrenos de grandes proporções, em torno de 600,00 m².

3.1.2 Grupo II – Zonas de uso residencial ou comercial e ocupação vertical (zonas de incorporação)

- 4ª *zona – prédio de apartamentos de padrão popular*: encontrada em diversas regiões, dotada de infraestrutura básica e com concentração de população de baixa renda. Apresenta vocação para ocupação de prédios de apartamentos de padrão popular, geralmente sem elevadores, até quatro andares.
- 5ª *zona – prédio de apartamentos ou de escritórios de padrão médio*: dotada de infraestrutura completa, com concentração de população de renda média. Para classificação nessa zona, é necessário verificar a vocação legal e a predominância de ocupação, que necessariamente tem que refletir verticalização, por meio de edifícios de apartamentos ou escritórios de padrão médio ou superior.
- 6ª *zona – prédio de apartamentos ou de escritórios de padrão alto*: compreende as regiões ocupadas por edifícios de apartamentos ou escritórios obedecendo a arquitetura diferenciada e projetos personalizados e de padrão elevado, destinadas à população de renda mais alta.

3.1.3 Grupo III – Zonas de uso comercial ou de serviços e ocupação predominantemente horizontal

- 7ª *zona – comércio ou serviços de padrão popular*: pode ser identificada em regiões periféricas ou de população de baixa renda, onde é constatada a concentração de comércio ou prestação de serviços populares.
- 8ª *zona – comércio ou serviços de padrão médio*: é constatada a concentração de comércio ou prestação de serviços de padrão médio.
- 9ª *zona – comércio ou serviços de padrão alto*: identificada em regiões que apresentam arquitetura diferenciada, com projetos personalizados e de padrão elevado, em corredores e ruas de bairros de alto padrão.

3.1.4 Grupo IV – Zonas de uso industrial ou de armazéns

- 10ª *zona – indústrias*: zona cuja vocação é geralmente definida pelas legislações estaduais e municipais, com restrições de uso específicas e ocupação predominantemente industrial.

- *11ª zona – armazéns*: identificada pela presença de armazéns ou galpões, sem características industriais, podendo ser encontrada em regiões cerealistas ou de comércio.

3.2 Influência de profundidade

3.2.1 Variação do valor com a profundidade

Os primeiros estudos para o cálculo da variação do valor com a profundidade são apresentados na Fig. 3.1.

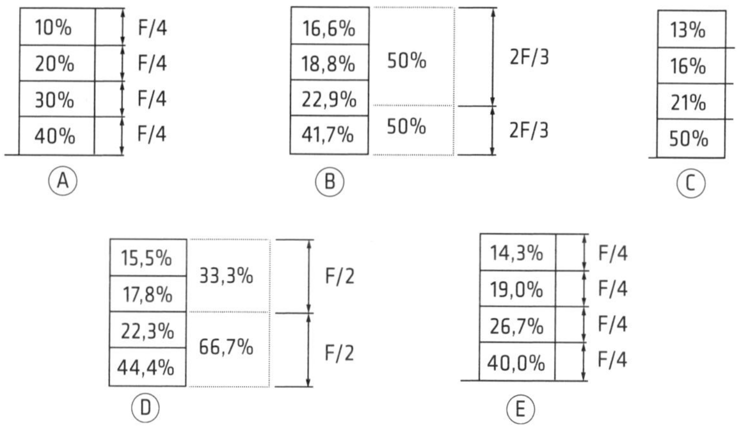

Fig. 3.1 *Primeiros estudos para o cálculo da variação do valor do terreno com a profundidade: (A) 4-3-2-1; (B) um terço – dois terços; (C) Harper; (D) Hoffman; (E) Jerrett*

O método eleito foi o de Harper, que, transposto para uma representação gráfica, resulta na Fig. 3.2.

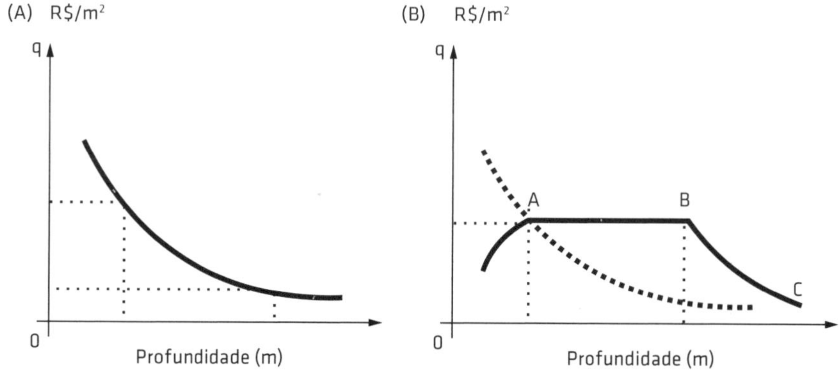

Fig. 3.2 *(A) Curva conforme a fórmula de Harper e (B) curva modificada*

Conforme se pode verificar na Fig. 3.2A, quando a profundidade tende a zero, o valor unitário do terreno tende a infinito. Isso é um absurdo, pois terreno é matéria-prima, é insumo para construção, e, se não se pode construir nada (profundidade zero), o terreno não tem valor algum.

A Fig. 3.2B mostra as correções feitas pelos engenheiros Rocha Medeiros Jr., Ênio Azambuja e Nélson Pereira Alonso. Entre uma profundidade mínima A e uma profundidade máxima B, definidas pelas zonas de norma apresentadas anteriormente, não há variação de valor com a profundidade. Abaixo da mínima e acima da máxima, a profundidade atua como fator desvalorizante. A Fig. 3.3 apresenta alguns exemplos.

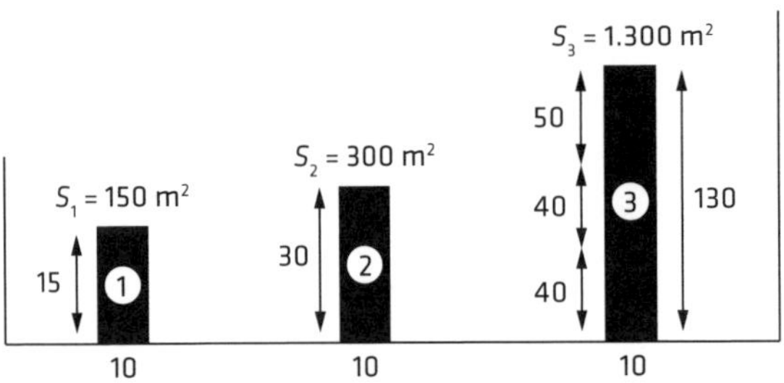

Até 40 1
Entre 40 e 80 é $(40/80)^{1/2}$ – dobro da máxima
Acima de 80 é $(40/120)^{1/2}$– triplo da máxima
Zona comercial de padrão médio
M_i = 20 m
M_a = 40 m
a_r = 10 m

q_m=R$ 100,00/m²/20 a 40

$(M_1/2) \leq P_e < M_i$

$V_1 = q_m \cdot S\,(P_e/M_i)^{1/2}$
$V_1 = 100 \times 150\,(15/20)^{1/2}$
V_1 = R$ 12.990,00
q_f = R$ 86,60/m²

$M_1 \leq P_e < M_i$

$V_2 = q_m \cdot S$
$V_2 = 100 \times 300$
V_2 = R$ 30.000,00
q_f = (30.000/300) = R$ 100,00/m²

$M_a \leq P_e < 3M_i$

V_{t1} = 400 m² × R$ 100,00/m² × 1 = R$ 40.000,00
V_{t2} = 400 m² × R$ 100,00 × $(40/80)_{1/2}$ = R$ 28.284,27
V_{t3} = 500 m² × R$ 100,00 × $(40/120)_{1/2}$ = R$ 28.867,51
$V_t = V_{t1} + V_{t2} + V_{t3}$ = R$ 40.000,00 + R$ 28.284,27 + R$ 28.867,50 = R$ 97.151,78
q_1 = R$ 97.151,78/1.300 m² = R$ 74,73/m²

Fig. 3.3 *Exemplos, sendo a_r = frente de referência, M_i = profundidade mínima, M_a = profundidade máxima, q_m = valor unitário médio e S = área do terreno*

3.2.2 Exemplos de influência de profundidade

Se a profundidade equivalente for menor do que metade da profundidade mínima, só se desvaloriza até a metade da mínima, isto é, o valor de P_e não pode ser inferior a $M_i/2$. Se a profundidade equivalente for superior à máxima, só se desvaloriza até três vezes a máxima, isto é, o valor de P_e não pode ser maior que $3M_a$. Neste último caso, a desvalorização só atinge a área que supera a profundidade máxima, utilizando, para tanto, a seguinte fórmula:

$$C_p = (P_{ma}/P_e) + \{[1 - (P_{ma}/P_e)] \cdot (P_{ma}/P_e)^p\}$$

Observações:

1. Em terrenos suscetíveis de incorporação por permissão legal e vocação econômica, P_{ma} pode ir até três vezes a testada principal.
2. Em terrenos suscetíveis de construção de conjuntos residenciais por permissão legal e vocação econômica, P_{ma} pode ir até duas vezes a testada principal.

As zonas referidas (ZN) não devem ser confundidas com as zonas constantes das Leis Municipais de Zoneamento (ZP) nº 7.805, de 1º de novembro de 1972, e nº 8.001, de 24 de dezembro de 1973, regulamentadas pelo Decreto nº 11.106, de 28 de junho de 1974.

Estando a profundidade equivalente dentro dos limites mínimo e máximo das profundidades estabelecidas para a zona como correspondentes ao aproveitamento economicamente recomendado ou resultante de imposições legais, a avaliação dos terrenos será feita pelo valor do metro quadrado determinado pela pesquisa:

$$V_t = A \cdot V$$

Exemplo 1

Suponha-se um terreno situado em rua de 8ª zona (comercial de padrão médio), com frente efetiva de 10,00 m, área de 300,00 m² e valor unitário de R$ 1.500,00/m².

$$P_e = 300{,}00/10{,}00 = 30{,}00 \text{ m ZN8} \therefore 20{,}00 \text{ m} \le P_e \le 40{,}00 \text{ m}$$
$$V_t = \text{R\$ } 1.500{,}00 \times 300{,}00 \text{ m}^2 = \text{R\$ } 450.000{,}00$$

Na verdade, a profundidade, estando fora dos limites recomendados pela zona de norma (inferior à mínima ou superior à máxima), atua sempre como fator desvalorizante, e, portanto, a profundidade de valor maior deve estar sempre em denominador. A frente atuará como fator valorizante se for maior que a de referência e como fator desvalorizante se for menor que a padrão.

Por isso, em *avaliação de terrenos*, a frente do lote deve estar sempre em numerador para estabelecer a comparação com a de referência.

Já no caso de pesquisa de valores, quando se sai a campo, encontram-se terrenos com seus preços já estabelecidos. Presume-se que esses preços foram fixados para venda de acordo com uma avaliação feita segundo as normas.

Como o objetivo é determinar o preço para um lote padrão, isto é, com frente igual à de referência e profundidade dentro dos limites prescritos pela zona de norma, não resta outro caminho, na pesquisa de valores, senão efetuar as operações contrárias àquelas feitas para avaliar o lote posto à venda, tirando exatamente o que ele acrescentou para ver quanto o terreno custaria se fosse normal, ou seja, com frente igual à de referência.

Ao final da pesquisa, será obtido um preço para o lote normal, padrão, válido para toda a quadra onde está o lote em avaliação. Aí, então, se partirá para a avaliação do lote em foco, em relação ao lote padrão, aplicando as fórmulas em sua forma direta.

Se a profundidade equivalente for inferior ou igual às mínimas mencionadas no item anterior, e maior ou igual à metade delas ($1/2P_{mi} \leq P_e \leq P_{mi}$), a seguinte fórmula deverá ser empregada:

$$V_t = A \cdot V_1 \cdot (P_e/P_{mi})^{1/2}$$

Exemplo 2

Seja um terreno situado em uma rua de 2ª zona (residências horizontais de padrão médio), com frente efetiva de 10,00 m, área de 200,00 m² e valor unitário de R$ 1.200,00/m².

$$P_e = 200{,}00/10{,}00 = 20{,}00 \text{ m ZN2} \therefore 25{,}00 \text{ m}/2 \leq P_e \leq 25{,}00 \text{ m}$$
$$V_t = \text{R\$ } 1.200{,}00 \times 200{,}00 \text{ m}^2 \times (20{,}00/25{,}00)^{1/2} = \text{R\$ } 214.660{,}00$$

Se a profundidade equivalente for superior às máximas mencionadas anteriormente até o triplo delas ($P_{ma} \leq P_e \leq 3P_{ma}$), a fórmula a seguir deverá ser empregada:

$$V_t = A \cdot V \cdot \{(P_{ma}/P_e) + [(1 - P_{ma}/P_e)] \cdot (P_{ma}/P_e)^p\}$$

Para profundidades maiores que $3P_{ma}$, deverá ser mantido o valor por metro quadrado obtido para esse limite.

3.3 Influência de testada

A seguinte fórmula é sugerida para o cálculo do fator de testada:

$$t = (F/F_r)^n$$

em que:

t = fator de testada;

F = frente ou testada do imóvel (medida em projeção);

F_r = testada de referência;

n = expoente dependente da zona de norma.

A condição básica a seguir deve ser respeitada:

$$0{,}5F_r \leq F \leq 2F_r$$

em que:

F_r = 5,00 m para a 1ª e 7ª zonas (ZN);

F_r = 10,00 m para a 2ª e 8ª zonas (ZN);

F_r = 15,00 m para a 3ª e 9ª zonas (ZN);

F_r = 16,00 m para a 4ª, 5ª e 6ª zonas (ZN).

Exemplo 3

Seja um terreno situado em uma rua de 3ª zona (residências de padrão alto), com frente efetiva de 8,00 m, área de 300,00 m² e valor unitário de R$ 1.500,00/m².

$$P_e = 300{,}00/8{,}00 = 37{,}50 \text{ m ZN3} \therefore 30{,}00 \text{ m} \leq P_e \leq 60{,}00 \text{ m}$$

$$F_r = 15{,}00 \text{ m}$$

$$V_t = \text{R\$ } 1.500{,}00 \times 300{,}00 \text{ m}^2 \times (8{,}00/15{,}00)^{0{,}15} = \text{R\$ } 409.508{,}00$$

Observações:

1. Os expoentes das fórmulas de influência por profundidade e frente, os próprios limites dessas influências, bem como aqueles decorrentes de frentes múltiplas e/ou de esquina, poderão ser estabelecidos para cada região ou local, com base em análise experimental-estatística, e referendados pelo Ibape/SP, entidade autora dessas normas, levando em conta as vocações de uso e os dispositivos legais. Aliás, a NBR 14653-1 (ABNT, 2001) determina

que os institutos regionais deverão estabelecer fórmulas para a homogeneização dos fatores devidamente verificadas ou o engenheiro avaliador poderá apresentar fórmulas de sua autoria, desde que devidamente justificadas, fundamentadas e condizentes com a realidade.

2. Os lotes de grandes dimensões, os de pequenas dimensões de difícil aproveitamento e os de formas inusitadas devem ser avaliados observando essas características e estudando a possibilidade de desmembramento ou remembramento, bem como seu melhor e mais eficiente aproveitamento.
3. Nos bairros ou locais onde o mercado não indique haver vantagem em agrupar lotes, ainda que estes sejam contíguos, a avaliação deve ser feita considerando-os isoladamente, um a um.
4. Nos lotes em bairros de residência de padrão modesto ocupados por construções que os aproveitem adequadamente, devem ser desconsideradas eventuais desvalorizações de testada, bem como de profundidade, no caso de estas serem inferiores às de referência e mínima, respectivamente.

5 Avaliação de lotes urbanos

5.1 Na determinação do valor do terreno objeto de avaliação e no tratamento dos elementos da pesquisa de valor unitário devem ser seguidos os mesmos critérios, assim como suas características e restrições legais devem ser semelhantes e da mesma região estudada.

5.2 Devem ser consideradas as influências de área, frente, profundidade, esquina, frentes múltiplas, topografia e consistência do solo.

5.3 Profundidade

5.3.1 A influência da profundidade é levada em conta no valor total do terreno, através de relação entre a profundidade equivalente e as profundidades limites indicadas para as regiões.

5.3.2 A profundidade equivalente deve ser o resultado da divisão da área pela medida da frente principal projetada.

5.3.3 Se a profundidade equivalente estiver dentro dos limites mínimo e máximo das profundidades estabelecidas para a região definida no item 5.3.7, ou resultante de imposições legais, ou seja, se $P_{mi} \leq P_e \leq P_{ma}$, a avaliação dos terrenos será feita pelo valor do metro quadrado, determinado pela expressão:

$$V_t = A_t \times V_u$$

5.3.4 Se a profundidade equivalente estiver no intervalo entre a mínima e sua metade, ou seja, $^1/_2 P_{mi} \leq P_e \leq P_{mi}$, deverá ser empregada a seguinte fórmula:

$$V_t = A_t \times V_u \times (P_e/P_{mi})^{0,50}$$

5.3.5 Para profundidade equivalente inferior a $^1/_2 P_{mi}$ é mantido o fator obtido para esse limite.

5.3.6 Se a profundidade equivalente for superior à máxima de referência, deverá ser aplicada a seguinte fórmula:

$$V_t = A_t \times V_u \times (P_{ma}/P_e)^{0,25}$$

Parágrafo único: Nos terrenos para incorporação, P_{ma} poderá ir até 3 (três) vezes a testada.

5.3.7 Os lotes avaliandos serão classificados em uma das seguintes regiões, caracterizadas pela ocupação predominante, para efeito de fixação das profundidades mínima e máxima:

- 1ª região: casas isoladas (padrão fino e luxo) – 30,00 m a 60,00 m
- 2ª região: casas/comércios/serviços (padrão simples a superior) – 25,00 m a 40,00 m
- 3ª região: casas/comércios/serviços (padrão rústico a econômico) – 15,00 m a 30,00 m
- 4ª região: apartamentos/escritórios (padrão simples a luxo) – 25,00 m a 60,00 m
- 5ª região: núcleos de comércios/serviços de alta densidade – 20,00 m a 40,00 m
- 6ª região: galpões (padrão econômico a superior) – 25,00 m a 60,00 m

Parágrafo único: as regiões anteriormente classificadas estão de acordo com o estudo *Edificações: valores de venda*. Na impossibilidade de enquadramento em uma destas regiões, os parâmetros adotados deverão ser justificados.

5.4 Frente

5.4.1 A influência de frente será considerada no valor total do terreno, pela relação entre a frente projetada (F_p) e a frente de referência (F_r), através da seguinte expressão:

$$V_t = A_t \times V_u \times C_f$$

onde:

$C_f = (F_p/F_r)^{0,25}$, dentro dos limites $F_r/2 \leq F_p \leq 2F_r$.

5.4.2 Para frente projetada inferior a $F_r/2$ ou superior a $2 \times F_r$ é mantido o fator obtido para esses limites.

5.4.3 São indicadas as seguintes frentes de referência:

- 1ª e 4ª regiões: F_r = 16,00 m
- 2ª e 5ª regiões: F_r = 10,00 m
- 3ª região: F_r = 5,00 m
- 6ª região: F_r = 20,00 m

5.4.4 Expressões:

- $F_r/2 \leq F_p \leq 2F_r$ fator = $(F_p/F_r)^{0,25}$
- $F_p < F_r/2$ fator = 0,8409
- $F_p \geq 2F_r$ fator = 1,1892

5.4.5 Não se aplica o fator testada a lotes em bairros das 1ª e 3ª regiões, com frente maior que a de referência, ou seja:

$$F_p > F_r, \text{ fator} = 1{,}0000$$

5.4.6 Lotes contíguos de mesmo proprietário, com registros distintos, deverão ser avaliados separadamente. A unificação dos lotes para fins avaliatórios, objetivando adequação ao mercado, deverá ser justificada e fundamentada.

5.5 Esquina e frentes múltiplas

5.5.1 Os lotes de esquina ou de frentes múltiplas devem ser avaliados como terrenos de uma só frente, sendo que sua eventual influência valorizante deve ser justificada pelo avaliador.

5.5.2 O coeficiente de valorização pela esquina ou outras frentes (C_e) será obtido pela seguinte fórmula:

$$C_e = [(C_r + 20)\ F_1\ V_1 + F_2\ V_2 + \ldots + F_n\ V_n]/20\ F_1\ V_1$$

onde:

C_r = 1, na 2ª região;

C_r = 2, na 4ª região;

C_r = 3, na 5ª região;

F_1 = frente principal projetada para via pública de maior valor ou frente projetada menor no caso de ruas de igual valor;

$F_2, \ldots, F_n$ = frentes secundárias;

$V_1, V_2, \ldots, V_n$ = valores unitários das frentes principal e secundárias.

5.5.3 As extensões das frentes utilizadas na fórmula, dependendo das regiões definidas no item 5.3.7, serão limitadas a: F_r na 1ª, 2ª e 3ª regiões e 2 × F_r nas demais regiões.

5.5.4 A valorização obtida pela fórmula, dependendo das regiões definidas no item 5.3.7, será limitada aos seguintes percentuais:

- para a 2ª região: 10%;
- para a 4ª e 5ª regiões: 15%;

5.5.5 O coeficiente de valorização pela esquina ou frentes múltiplas deve ser aplicado sobre a área total do imóvel de esquina, em conformidade com o apelo imobiliário, a ambiência e contexto local.

5.5.6 O fator não se aplica no caso de logradouros ainda não implantados, mesmo que legalizados.

5.5.7 O fator não se aplica às 1ª, 3ª e 6ª regiões definidas em 5.3.7

5.6 As frentes de referência, profundidades máximas e mínimas, coeficientes de regiões e limites para valorização estão resumidos no quadro a seguir:

Região	Frente de referência F_r (m)	Profundidade (m)		Coeficiente região C_r	Coeficiente máximo valorização $C_e \leq$
		P_{mi}	P_{ma}		
1ª	16,00	30	60	NA	NA
2ª	10,00	25	40	1	1,10
3ª	5,00	15	30	NA	NA
4ª	16,00	25	60	2	1,15
5ª	10,00	20	40	3	1,15
6ª	20,00	25	60	NA	NA

Fonte: Cajufa (2013).

Exemplo 4

Seja dado o seguinte terreno:

- *Local:* Rua Serra de Jairé, 316 e 320, e Rua Serra de Bocaina (S. 29 – Q. 50-FL 405 E 338 – 2ª região).
- *Imóvel:* terreno.
- *Frente:* para a Rua Serra de Jairé = 17,00 m.
- *Frente:* para a Rua Serra de Bocaina = 20,00 m.
- *Área:* 340,00 m².
- *Preço:* R$ 200,00/m² para a Rua Serra de Jairé e R$ 160,00/m² para a Rua Serra de Bocaina.

Cálculo do terreno com frente para a Rua Serra de Jairé:

$$V_{t1} = R\$\ 200{,}00 \times 340{,}00\ m^2 \times (20{,}00/25{,}00)^{1/2} \times (17{,}00/10{,}00)^{1/4} = R\$\ 69.449{,}00$$

Cálculo do terreno com frente para a Rua Serra de Bocaina:

$$V_{t2} = R\$\ 160{,}00 \times 340{,}00\ m^2 \times (20{,}00/10{,}00)^{1/4} \times (17{,}00/25{,}00)^{1/2} = R\$\ 53.347{,}00$$

Será escolhido, então, o valor do terreno com frente para a Rua Serra de Jairé, por ser mais elevado.

Aplica-se a fórmula para o cálculo de C_e:

$$C_e = (1 + 20) \times 10{,}00 \times R\$\ 200{,}00 + 10{,}00 \times R\$\ 160{,}00/20 \times 10{,}00 \times R\$\ 200{,}00$$
$$C_e = 1{,}09$$

Cálculo do valor final (valorização só para a área F_r e P_e: 10 × 20 = 200,00 m²):

$$V_{t1} = R\$\ 200{,}00 \times 200{,}00\ m^2 \times (17{,}00/10{,}00)^{1/4} \times (20{,}00/25{,}00)^{1/2} \times 1{,}09 = R\$\ 44.527{,}72$$
$$V_{t2} = R\$\ 200{,}00 \times 140{,}00\ m^2 \times (17{,}00/10{,}00)^{1/4} \times (20{,}00/25{,}00)^{1/2} = R\$\ 28.595{,}78$$
$$V_t = V_{t1} + V_{t2} = R\$\ 44.527{,}72 + R\$\ 28.595{,}78 = R\$\ 73.123{,}50$$

Observações

- O preço unitário dos terrenos deve ser determinado mediante pesquisa de valores, sendo utilizado mais comumente o método comparativo, podendo, entretanto, em casos em que não haja na região terrenos sem benfeitorias, ser utilizado o método residual.

◇ A avaliação de lotes com formatos ou dimensões especiais deverá levar em conta a determinação do máximo valor que possa obter seu aproveitamento, quer como lote independente, quer como valorizador potencial de lote ou lotes vizinhos.

3.4 Variação do valor com a topografia

A topografia do terreno, em elevação ou depressão, em aclive ou declive, poderá ser valorizante ou desvalorizante.

Como critério geral, as influências dessa natureza poderão ser determinadas com base em análise estatística ou pela dedução ou acréscimo correspondente aos gastos necessários para colocar o terreno em situação de máximo aproveitamento.

Para cálculos dessa natureza, na impossibilidade de usar os critérios mencionados, podem ser adotados os seguintes corretivos genéricos aproximados:

Terreno plano/aclive até 5%	1,00
Aclive de 5% até 10%	0,95
Aclive de 10% até 20%	0,90
Aclive acima de 20%	0,85
Declive até 5%	0,95
Declive de 5% até 10%	0,90
Declive de 10% até 20%	0,80
Declive maior que 20%	0,70

Abaixo do nível da rua até 1,00 m	0,90
Abaixo do nível da rua de 1,00 m até 2,50 m	0,80
Abaixo do nível da rua de 2,50 m até 4,00 m	0,70
Acima do nível da rua até 1,00 m	1,00
Acima do nível da rua de 1,00 m até 2,00 m	0,90
Acima do nível da rua de 2,00 m até 4,00 m	0,80

Os casos de valorização, sendo menos frequentes, deverão ser mais bem examinados e justificados.

3.5 Variação do valor com a consistência do solo

A consistência do terreno poderá também ser levada em conta pelo critério geral do item anterior ou, da mesma forma, adotando-se os seguintes fatores corretivos:

◇ situação-paradigma – terreno seco: 1,00;

◇ terreno situado em região inundável, que impede ou dificulta seu acesso, mas não atinge o próprio terreno, situado em posição mais alta: 0,90;

- terreno situado em região inundável e que é atingido ou afetado periodicamente pela inundação: 0,70;
- terreno permanentemente alagado: 0,60.

3.5.1 Lotes contíguos a córregos

Nos lotes contíguos a córregos, salvo casos especiais, deve ser estabelecida uma depreciação de 20% ao longo de uma faixa paralela a eles, com 5,00 m de largura, a contar de cada margem. Nos casos de terrenos nus de grandes proporções, deve ser observado, também, o previsto na legislação federal, estadual e/ou municipal.

As Tabs. 3.1 e 3.2 apresentam as características das zonas onde os lotes podem se localizar, com seus respectivos fatores de ajuste e recomendações.

3.5.2 Aplicação dos fatores

Na aplicação dos fatores, devem ser observados os seguintes princípios:

- A utilização dos fatores *deve ser na forma de somatório.*
- Em princípio, podem ser considerados semelhantes aqueles que observem as seguintes condições principais (item 9.2.1.2 da norma do Ibape/SP):
  - estejam na mesma região e em condições socioeconômicas semelhantes;
  - constituam amostra onde o bem avaliando fique o mais próximo possível do centroide amostral;
  - sejam do mesmo tipo (terrenos, lojas, apartamentos etc.);
  - em relação ao bem avaliando, sempre que possível, que tenham:
    - dimensões compatíveis;
    - número compatível de dependências (vagas de estacionamento, dormitórios, entre outros);
    - padrão construtivo semelhante;
    - estado de conservação e obsoletismo similares.

São considerados discrepantes elementos em que os valores unitários, em relação ao valor médio amostral, extrapolem a sua metade ou dobro. Não obstante, recomenda-se que esses valores unitários sejam descartados caso a discrepância persista após a aplicação de fatores mais representativos (localização de terrenos, padrão construtivo e depreciação para benfeitorias), desde que validados preliminarmente.

- Os fatores obrigatórios apresentados (localização, área, testada, profundidade, frentes múltiplas, padrão construtivo e depreciação) devem ser testados

Tab. 3.1 Fatores de ajuste, características e recomendações – grupos I e II

Grupo	Zona	Fatores de ajuste – Frente e profundidade – Referências: Frente de referência (F_r)	Fatores de ajuste – Frente e profundidade – Referências: Profundidade mínima (P_{mi})	Fatores de ajuste – Frente e profundidade – Referências: Profundidade máxima (P_{ma})	Fatores de ajuste – Frente e profundidade: Expoente do fator de frente F	Fatores de ajuste – Frente e profundidade: Expoente do fator de profundidade p	Fatores de ajuste: Múltiplas frentes ou esquinas (C_e)	Fatores de ajuste: Área (C_a)	Características e recomendações: Área de referência do lote (m²)	Características e recomendações: Intervalo característico de área (m²)	Características e recomendações: Observações gerais
Grupo I: zonas de uso residencial horizontal	1ª zona – residencial horizontal popular	5	15	30	Não se aplica	Não se aplica	Não se aplica	0,20	125	100-400	–
Grupo I: zonas de uso residencial horizontal	2ª zona – residencial horizontal médio	10	25	40	0,20	0,50	Não se aplica	Não se aplica dentro de intervalos	250	200-500	Para terrenos com áreas fora do intervalo definido, estudar a influência da área
Grupo I: zonas de uso residencial horizontal	3ª zona – residencial horizontal alto	15	30	60	0,15	0,50	Não se aplica	Não se aplica dentro de intervalos	600	400-1.000	Para terrenos com áreas fora do intervalo definido, estudar a influência da área
Grupo II: zonas de ocupação vertical (incorporação)	4ª zona – incorporações de padrão popular	16 Mínimo	-	-	Não se aplica	Não se aplica	1,10	Não se aplica dentro de intervalos	2.000	Varia de 800 m² até um limite superior indefinido	Para terrenos com áreas fora do intervalo definido, estudar a influência da área. Analisar a eventual influência da esquina ou de frentes múltiplas
Grupo II: zonas de ocupação vertical (incorporação)	5ª zona – incorporações de padrão médio	16 Mínimo	-	-	Não se aplica	Não se aplica	1,10	Não se aplica dentro de intervalos	1.500	800-2.500	Para terrenos com áreas fora do intervalo definido, estudar a influência da área. Analisar a eventual influência da esquina ou de frentes múltiplas
Grupo II: zonas de ocupação vertical (incorporação)	6ª zona – incorporações de alto padrão	16 Mínimo	-	-	Não se aplica	Não se aplica	1,05	Não se aplica dentro de intervalos	2.500	1.200-4.000	Para terrenos com áreas fora do intervalo definido, estudar a influência da área. Analisar a eventual influência da esquina ou de frentes múltiplas

Fonte: Ibape/SP (2011).

Tab. 3.2 Fatores de ajuste, características e recomendações – grupos III e IV

Grupo	Zona	Fatores de ajuste							Características e recomendações		
		Frente e profundidade							Área		
		Referências									
		Frente de referência (F_r)	Profundidade mínima (P_{mi})	Profundidade máxima (P_{ma})	Expoente do fator de frente F	Expoente do fator de profundidade p	Múltiplas frentes ou esquinas (C_e)	Área (C_a)	Média do lote	Intervalo	Recomendações ou restrições gerais quanto à aplicação de fatores de ajuste em função das dimensões
Grupo III: zonas de uso comercial ou de serviços	7ª zona – comercial de padrão popular	5	10	30	0,20	0,50	1,10	Não se aplica dentro de intervalos	100	80-300	Para terrenos com áreas fora do intervalo definido, estudar a influência da área. Analisar a eventual influência da esquina ou de frentes múltiplas
	8ª zona – comercial de padrão médio	10	20	40	0,25	0,50	1,10	Não se aplica dentro de intervalos	200	200-500	
	9ª zona – comercial de padrão alto	15	30	60	0,15	0,50	1,05	Não se aplica dentro de intervalos	600	250-1.000	
Grupo IV: zonas industriais ou armazéns	10ª zona – industrial	Não se aplica	Não se aplica	Não se aplica	Não se aplica	Não se aplica	Não se aplica	Não se aplica dentro de intervalos	5.000	2.000-20.000	Avaliação pelo valor unitário e influência da localização. Para terrenos com áreas fora do intervalo definido, estudar a influência da área
	11ª zona – armazéns	Não se aplica	Não se aplica	Não se aplica	Não se aplica	Não se aplica	Não se aplica	Não se aplica dentro de intervalos	500	250-3.000	

Fonte: Ibape/SP (2011).

nas tipologias pertinentes e suas condições de serem homogeneizantes devem ser verificadas, comprovadas através da redução de coeficiente de variação ($CV = S/\overline{X}$, em que S é o desvio padrão, e $\overline{X}$, a média amostral). O fator que *de per si* indicar a heterogeneização da amostra só deve ser eliminado na aplicação conjunta de todos os fatores.

◇ A pesquisa para fixação do valor básico unitário, se feita através de estatística descritiva, deve abranger, de preferência e pela ordem, dados de mesma zona, conforme posturas, e do mesmo setor fiscal, quando seus valores são usados para sua própria transposição.

Exemplo 5

Pesquisa de valores

A Tab. 3.3 apresenta valores de bens avaliandos pesquisados e fatores calculados.

Tab. 3.3 Valores de bens avaliandos pesquisados e fatores calculados

Elemento	Preço (R$)	Área	Fator de oferta (R$)	Construção (R$)	Terreno (R$)	Índice fiscal
1. Rua Tenente Pena, junto ao 297	600.000,00	1.000 m²	540.000,00	125.449,45	414.550,55	267,02
2. Rua Solon, 1.060, esq. rua Lopes Trovão	910.000,00	1.300 m²	819.000,00	85.808,27	733.191,73	267,02
3. Av. Rudge, 110	2.400.000,00	1.606 m³	2.160.000,00	927.609,07	1.232.390,93	310,29
4. Rua Barra do Tibagi, 843	1.600.000,00	2.050 m²	1.440.000,00	-	1.440.000,00	267,02
5. Rua Caetano, junto ao 643	1.300.000,00	2.166 m²	1.170.000,00	-	1.170.000,00	306,57
6. Rua Deodeciano, 31	1.500.000,00	1.400 m²	1.350.000,00	746.476,06	603.523,94	186,35

Elementos	Valor unitário do terreno	Fator de localização	Fator de localização (R$)	Fator de testada	Fator de profundidade	Fator de esquina	Fator de esquina (R$)	Fator de área
1	414,55	1,8268	342,75	Não se aplica	Não se aplica	-	-	Não se aplica
2	563,99	1,8268	466,30	Não se aplica	Não se aplica	1,061	34,40	Não se aplica
3	767,36	1,5720	438,93	Não se aplica	Não se aplica	-	-	Não se aplica
4	702,44	1,8268	580,77	Não se aplica	Não se aplica	-	-	Não se aplica
5	540,16	1,5911	319,29	Não se aplica	Não se aplica	-	-	Não se aplica
6	431,08	2,6176	-	-	-	-	-	-

Observações: o índice fiscal do elemento avaliando é igual a 487,80. O elemento nº 6, por possuir fator de localização superior a 2, deve ser excluído, rebaixando a classificação de laudo, quanto à fundamentação, na norma da ABNT. Já a da norma do Ibape/SP permite a classificação no nível de fundamentação de laudo.

Como observado na Tab. 3.3, os valores da coluna referente ao preço foram multiplicados por 0,9, chamado de fator de elasticidade da oferta, partindo-se da suposição de que todos os imóveis em oferta têm um acréscimo de pelo menos 10% para fazer face a eventual barganha e despesas de corretagem.

Os índices fiscais servem para fazer transposição de valor de uma rua para outra. Divide-se o preço da oferta pelo seu índice fiscal e multiplica-se o valor encontrado pelo índice fiscal do avaliando, para saber quanto valeria se estivesse localizado no mesmo lugar do avaliando.

O fator de esquina é aplicado pela área mínima de terreno para essa zona, definida em norma como igual a 800,00 m^2. Como a oferta tem 1.300,00 m^2, 800,00 m^2 corresponde a 61% do terreno todo e, portanto, aplicam-se 61% de 10% ao terreno todo, isto é: 1,061 em vez de 1,10.

Na Tab. 3.4, foi tirado o fator de esquina, que é igual a 34,40, por considerar que a esquina tem valor. Portanto, para que todos os elementos fiquem homogêneos, é necessário tirar esse fator de esquina.

Tab. 3.4 Tirando o fator de esquina

	Valor unitário final	Desvios	Quadrados dos desvios
	757,30	−263,13	69.237,39
	995,89	−24,54	602,21
	1.206,29	+185,86	34.543,94
	1.283,21	+262,78	69.053,32
	859,45	−160,98	25.914,56
$\bar{X}$ = Média =	1.020,43	Σ =	199.351,42

$$S = \sqrt{199.351,42/4} = 223,24$$

$$CV = S/\bar{X} = 223,24 / 1.020,43 = 0,2187$$

em que:

S = desvio padrão;

CV = coeficiente de variação;

$\bar{X}$ = média.

Na Tab. 3.5, não foi tirado o fator de esquina por considerar que não agrega nada ao valor, isto é, pressupõe-se que não há necessidade da remoção desse fator porque os elementos permanecem homogêneos.

Tab. 3.5 Sem tirar o fator de esquina

	Valor unitário final	Desvios	Quadrados dos desvios
	757,30	−270,00	72.900,00
	1.030,29	+2,99	8,94
	1.206,29	+178,99	32.037,42
	1.283,21	+255,91	65.489,92
	859,45	−167,85	28.173,62
$\bar{X}$ = Média =	1.027,30	Σ =	198.609,90

$$S = \sqrt{198.609,90/4} = 222,83$$

$$CV = S / \bar{X} = 222,83 / 1.027,30 = 0,2169$$

Portanto, a alternativa que não leva em conta a valorização pela esquina chega a um coeficiente de variação de 21,69%, contra 21,87% da alternativa que leva em conta a valorização pela esquina. Assim, a partir da primeira alternativa, tem-se como resultado final o valor unitário de R$ 1.027,30/m².

Será elaborado agora o gráfico de valores observados *versus* valores calculados. Partindo de R$ 1.027,30/m², divide-se esse valor pelo fator de localização para chegar ao valor calculado para oferta (Tab. 3.6 e Fig. 3.4). No caso da oferta nº 1, por exemplo, parte-se de R$ 1.027,30, divide-se esse valor por 1,8268 e chega-se a R$ 562,34/m², que é o valor calculado *versus* valor observado no campo de R$ 414,55/m².

Tab. 3.6 Valores observados × valores calculados

Elemento	Valor observado (R$)	Valor calculado (R$)
1	414,55	562,34
2	563,99	562,34
3	767,36	653,49
4	702,44	562,34
5	540,16	645,65

Por fim, serão calculados os limites do intervalo de confiança com 80% de probabilidade de que o verdadeiro valor do parâmetro populacional esteja nele contido. Essa estimação é geralmente feita utilizando a distribuição t-Student. Sendo α a significância considerada, a confiança será 1 – α.

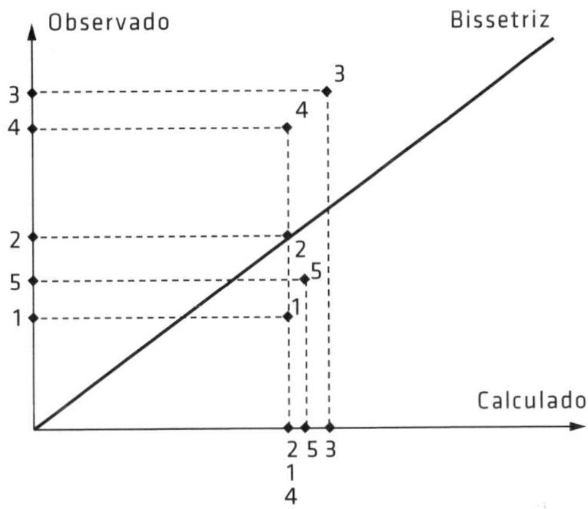

Fig. 3.4 *Valores observados × valores calculados*

$$I = \bar{X} \pm t_{1-\alpha/2;\, n-1} \cdot S/\sqrt{n}$$

$$I = \bar{X} \pm t_{90,4} \cdot (S/\sqrt{n})$$

em que:

$\bar{X}$ = média = R$ 1.027,30;

$t_{90,4}$ = 1,533 para 80% de significância (Tab. 3.7);

S = desvio padrão = R$ 222,83;

n = número de elementos = 5.

Fazendo as substituições:

$$I = R\$\,1.027{,}30 \pm 1{,}533 \times 222{,}83/\sqrt{5}$$

Tab. 3.7 Distribuição t-Student (t)

$t_{1-\alpha/2}$	$t_{0,0995}$	$t_{0,99}$	$t_{0,975}$	$t_{0,95}$	$t_{0,90}$	$t_{0,80}$	$t_{0,75}$	$t_{0,70}$	$t_{0,60}$	$t_{0,55}$
N.C.[a]	99%	98%	95%	90%	80%	60%	50%	40%	20%	10%
α/√	1%	2%	5%	10%	20%	40%	50%	60%	80%	90%
1	63,657	31,821	12,706	6,314	3,078	1,376	1,000	0,727	0,325	0,158
2	9,925	6,965	4,303	2,920	1,886	1,061	0,816	0,617	0,289	0,142
3	5,841	4,541	3,186	2,353	1,638	0,978	0,765	0,584	0,277	0,137
4	4,604	3,747	2,776	2,132	1,533	0,941	0,741	0,569	0,271	0,134
5	4,032	3,365	2,571	2,015	1,476	0,920	0,727	0,559	0,267	0,132
6	3,707	3,143	2,447	1,943	1,440	0,906	0,718	0,553	0,265	0,131
7	3,499	2,998	2,365	1,895	1,415	0,896	0,711	0,549	0,263	0,130
8	3,355	2,696	2,306	1,860	1,397	0,689	0,706	0,546	0,262	0,130
9	3,250	2,821	2,262	1,833	1,383	0,883	0,703	0,543	0,261	0,129
10	3,169	2,764	2,228	1,812	1,372	0,879	0,700	0,542	0,260	0,129
11	3,106	2,718	2,201	1,796	1,363	0,876	0,697	0,540	0,260	0,129
12	3,055	2,681	2,179	1,782	1,356	0,873	0,695	0,539	0,259	0,128
13	3,012	2,650	2,160	1,771	1,350	0,870	0,694	0,538	0,259	0,128
14	2,977	2,624	2,141	1,761	1,345	0,868	0,692	0,537	0,258	0,128
15	2,947	2,602	2,131	1,753	1,341	0,866	0,691	0,536	0,258	0,128
16	2,921	2,583	2,120	1,746	1,337	0,865	0,690	0,535	0,255	0,128
17	2,898	2,567	2,110	1,740	1,333	0,863	0,689	0,534	0,257	0,128
18	2,878	2,552	2,101	1,734	1,330	0,862	0,688	0,534	0,257	0,127
19	2,861	2,539	2,093	1,729	1,328	0,861	0,688	0,533	0,251	0,127
20	2,845	2,528	2,086	1,725	1,325	0,860	0,687	0,533	0,257	0,127
21	2,831	2,518	2,080	1,721	1,323	0,859	0,686	0,532	0,257	0,127
22	2,819	2,508	2,074	1,717	1,321	0,858	0,686	0,532	0,256	0,127
23	2,807	2,500	2,069	1,714	1,319	0,858	0,685	0,532	0,256	0,127
24	2,797	2,492	2,064	1,711	1,318	0,857	0,685	0,531	0,256	0,127
25	2,787	2,485	2,060	1,708	1,316	0,856	0,684	0,531	0,256	0,127
26	2,779	2,479	2,056	1,706	1,315	0,856	0,684	0,531	0,256	0,127
27	2,771	2,473	2,052	1,703	1,314	0,855	0,684	0,531	0,256	0,127
28	2,763	2,467	2,048	1,701	1,313	0,855	0,683	0,530	0,256	0,127
29	2,756	2,462	2,045	1,699	1,311	0,854	0,683	0,530	0,256	0,127
30	2,750	2,457	2,042	1,697	1,310	0,854	0,683	0,530	0,256	0,127
40	2,678	2,403	2,009	1,676	1,299	0,851	0,681	0,529	0,255	0,126
60	2,639	2,374	1,990	1,664	1,292	0,848	0,679	0,527	0,254	0,126
120	2,618	2,351	1,980	1,657	1,289	0,845	0,677	0,526	0,234	0,126
¥	2,576	2,326	1,960	1,645	1,282	0,842	0,674	0,524	0,253	0,120

[a] N.C. = nível de certeza.

ou

$$I = R\$\,1.027{,}30 \pm R\$\,152{,}77$$

Limite inferior = R$ 874,53

Limite superior = R$ 1.180,07

Pode-se concluir, com 80% de certeza, que o valor de mercado do lote avaliando está entre R$ 874,53 e R$ 1.180,07. O que representa, em relação à média:

(R$ 1.180,07 – R$ 874,53)/R$ 1.027,30 = 29,74%

A partir do item 13.4 da norma para avaliação de imóveis urbanos do Ibape/SP (2011), serão enquadrados na Tab. 3.8 os graus de precisão no caso de homogeneização através de tratamento por fatores ou da utilização de inferência estatística, para que seja possível caracterizar o grau de precisão desta avaliação.

Tab. 3.8 Tabela para classificação do grau de precisão

Descrição	Grau		
	III	II	I
Amplitude do intervalo de confiança de 80% em torno da estimativa de tendência central	≤ 30%	≤ 40%	≤ 50%

Nota: quando a amplitude do intervalo de confiança ultrapassar 50%, não há classificação do resultado quanto à precisão e é necessário justificativa com base no diagnóstico do mercado.

Assim, sendo menor que 30%, o grau de precisão da avaliação é de nível III.

Avaliação do terreno

$$V_t = S \cdot q$$

em que:

V_t = valor procurado do terreno;

S = área do terreno = 2.562,58 m²;

q = valor unitário = R$ 1.027,30/m².

Realizando as substituições:

$$V_t = 2.562{,}58\ m^2 \times R\$\ 1.027{,}30/m^2 = R\$\ 2.632.538{,}43$$

Exemplo 6

Na Tab. 3.9, divide-se o índice fiscal do elemento avaliando pelo índice fiscal do elemento comparativo para achar o fator de transposição e, na coluna seguinte, o valor da diferença em reais. A soma do valor unitário do elemento comparativo com a diferença do fator de transposição resulta no valor do elemento comparativo transposto para o local do elemento avaliando.

Na Tab. 3.10, continuação da Tab. 3.9, é mostrada a aplicação do fator de profundidade e do fator de testada.

Tab. 3.9 Planilha básica para tratamento de fatores – exemplo para exercício

Elemento	Valor unitário	Índice fiscal elemento	Índice fiscal avaliando	Fator transp.	Diferença (R$) transposição	EHPL
1	140	60	100	1,67	93,33	233,33
2	180	70	100	1,43	71,14	257,14
3	250	115	100	0,87	–32,61	217,39
4	150	60	100	1,67	100,00	250,00
5	200	120	100	0,83	–33,33	166,67
6	250	160	100	0,63	–93,75	156,25
7	270	120	100	0,83	–45,00	225,00
Média	*205,71*		*215,11*			
Desvio padrão	*51,92*		*39,22*			
Coef. Var.	*25,24%*		*18,23%*			
	267,43		279,65			
	144,00		150,58			
P_{mi} - P_{ma} 25-50				Testada = 10		

Fonte: Ibape/SP (2011).

3.6 Especificação da avaliação

De acordo com a norma de avaliação de bens, NBR 14653 da Associação Brasileira de Normas Técnicas (ABNT), todo laudo deverá ser classificado quanto ao grau de fundamentação e grau de precisão que atingiu.

Em "generalidades", item 9.1 da supracitada norma, temos bem caracterizados os graus de fundamentação e precisão:

> A especificação de uma avaliação está relacionada tanto com o empenho do engenheiro de avaliações, como com o mercado e as informações que possam ser dele extraídas. O estabelecimento inicial pelo contratante do grau de fundamentação desejado tem por objetivo a determinação do empenho no trabalho avaliatório, mas não representa garantia de alcance de graus elevados de fundamentação. Quanto ao grau de precisão, este depende exclusivamente das características do mercado e da amostra coletada e, por isso, não é passível de fixação *a priori*.

Tab. 3.10 Exemplo para exercício

Profundidade (m)	Fator profund.	Diferença (R$) profundidade	EHPP	Testada elemento	Testada avaliando	Fator de testada	Diferença (R$) testada	EHP Test
15	0,29	40,74	180,74	7	10	0,07	10,35	150,35
30	0,00	0,00	180,00	10	10	0,00	0,00	180,00
40	0,00	0,00	250,00	15	10	−0,08	−19,47	230,53
33	0,00	0,00	150,00	5	10	0,15	22,30	172,30
18	0,18	35,70	235,70	10	10	0,00	0,00	200,00
20	0,12	29,51	279,51	18	10	−0,11	−27,73	222,27
23	0,04	11,49	281,49	20	10	−0,13	−34,95	235,05
			222,49					198,64
			52,39					32,34
			23,55%					16,28%
Expoente profund. = 0,5			Expoente test. = 0,2					258,24
								139,05

Fonte: Ibape/SP (2011).

Assim sendo, estabeleceu a norma os referenciais para classificação do laudo, através das tabelas que a compõem, expostas a seguir.

O grau de fundamentação com o uso do tratamento por fatores é apresentado na Tab. 3.11.

Tab. 3.11 Tabela de pontos para classificação do grau de fundamentação

Item	Descrição	Grau		
		III	II	I
1	Caracterização do imóvel avaliando	Completa quanto a todos os fatores analisados	Completa quanto aos fatores utilizados no tratamento	Adoção de situação-paradigma
2	Quantidade mínima de dados de mercado efetivamente utilizados	12	5	3
3	Identificação dos dados de mercado	Apresentação de informações relativas a todas as características dos dados analisados, com foto e características conferidas pelo autor do laudo	Apresentação de informações relativas a todas as características dos dados analisados	Apresentação de informações relativas a todas as características dos dados correspondentes aos fatores utilizados
4	Intervalo admissível de ajuste para o conjunto de fatores	0,80 a 1,25	0,50 a 2,00	0,40 a 2,50[a]

[a]No caso de utilização de menos de cinco dados de mercado, o intervalo admissível de ajuste é de 0,80 a 1,25, pois é desejável que, com um número menor de dados de mercado, a amostra seja menos heterogênea.

Para atingir o grau III, é obrigatório:

- apresentação do laudo na modalidade completa;
- identificação completa dos endereços dos dados de mercado, bem como das fontes de informação;
- valor final adotado coincidente com a estimativa pontual de tendência central.

Para fins de enquadramento global do laudo em graus de fundamentação, devem ser considerados os seguintes critérios (Tab. 3.11):

- o atendimento a cada exigência do grau I terá 1 ponto; do grau II, 2 pontos; e do grau III, 3 pontos;
- o enquadramento global do laudo deve considerar a soma de pontos obtidos para o conjunto de itens, atendendo à Tab. 3.12.

Tab. 3.12 Tabela para classificação do grau de fundamentação

Graus	III	II	I
Pontos mínimos	10	6	4
Itens obrigatórios	Itens 2 e 4 no grau III, com os demais no mínimo no grau II	Itens 2 e 4 no mínimo no grau II e os demais no mínimo no grau I	Todos no mínimo no grau I

O grau de precisão é apresentado na Tab. 3.8.

Ao retomar o Exemplo 5 desse capítulo, que atingiu 13,88% de precisão, é possível afirmar que ele se enquadra, conforme cálculos apresentados, no *grau de precisão III*, para o tratamento dado à pesquisa de terreno. Ademais, também atingiu os parâmetros classificatórios destacados na Tab. 3.12, de modo que foram atingidos 10 pontos, ou seja, *grau de fundamentação III*.

3.7 Observações finais

- O preço unitário dos terrenos deve ser determinado mediante pesquisa de valores, sendo utilizado mais comumente o método comparativo. Entretanto, em casos em que não haja na região terrenos sem benfeitorias, pode ser adotado o método residual.
- A avaliação de lotes com formatos ou dimensões especiais deve levar em conta a determinação do máximo valor que seu aproveitamento possa obter, quer como lote independente, quer como valorizador potencial de lote ou lotes vizinhos. Estão nesses casos os lotes com frente efetiva inferior à metade da frente de referência, bem como os lotes com profundidades mínimas estabelecidas.

A Fig. 3.5 exemplifica alguns casos em que lotes de dimensões reduzidas servem para valorizar lotes vizinhos.

Na Fig. 3.5A, o lote 1, composto com o lote 2, alcança a avenida principal, ganhando uma frente com valor bem mais elevado. Na Fig. 3.5B, o lote 1, composto com o lote 2, alcança a profundidade de 15,00 m, que é a mínima em ZN6 para não sofrer depreciação. Em ambos os casos, deve ser feita uma avaliação do lote 1 sozinho e outra do conjunto composto de lote 1 + lote 2. Por subtração, obtém-se a valorização do lote 1. Essa valorização é dividida por dois para que ambos os proprietários usufruam da vantagem da composição.

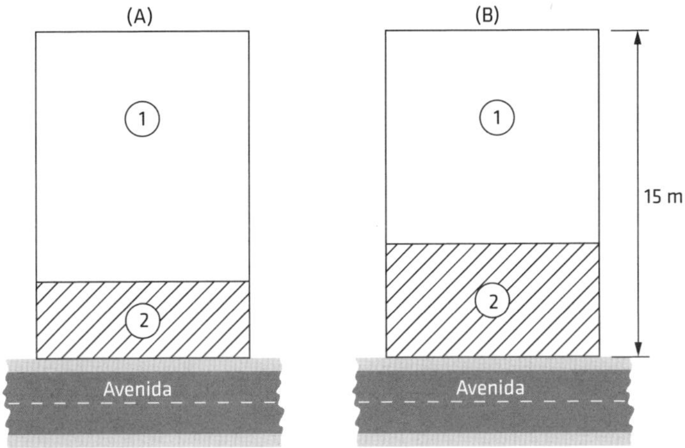

Fig. 3.5 *Lotes de dimensões reduzidas servindo para valorizar lotes vizinhos*

- Os terrenos industriais deverão ser avaliados pelo critério do metro quadrado médio, determinado por pesquisa compreendendo terrenos de áreas e dimensões equivalentes próximos da área avaliada.

Para mais um exemplo desta metodologia comparativa de avaliação de lotes, veja o Anexo I.

4 AVALIAÇÃO DE BENFEITORIAS

4.1 Definições

Benfeitorias são obras ou serviços que se realizam em um bem com o intuito de aproveitá-lo, conservá-lo, melhorá-lo ou embelezá-lo, nele incorporadas permanentemente pelo homem, que não podem ser retiradas sem destruição, fratura ou dano. São citadas às vezes como construção. Podem ser classificadas em três tipos (Ibape/SP, 2002):

- *necessárias*: são as indispensáveis para conservar o bem ou evitar a sua deterioração;
- *úteis*: são as que aumentam o valor do bem ou facilitam o seu uso, embora dispensáveis;
- *voluptuárias*: são as que têm exclusiva utilidade para quem as faz, com finalidade de mero recreio ou deleite, sem aumentar o uso normal do bem.

4.2 Conhecimentos básicos

São necessários conhecimentos básicos de Engenharia e Arquitetura para avaliar construções. É preciso ter conhecimentos quantitativos e qualitativos para a aplicação de custos unitários e a elaboração de orçamentos nos métodos de reprodução e reposição, além de saber reconhecer diferenças estruturais e de acabamento entre o modelo adotado e o imóvel avaliando.

4.3 Tipos de construções urbanas

Quanto à finalidade, as construções urbanas podem ser, entre outros casos:

- agências bancárias;
- apartamentos;

- armazéns;
- centros de compra;
- cinemas;
- clubes;
- escolas;
- escritórios;
- estádios;
- garagens;
- hipermercados;
- hospitais;
- hotéis;
- indústrias;
- lojas;
- postos de gasolina;
- residências;
- restaurantes;
- *shopping centers*;
- supermercados;
- teatros;
- destinação especial.

Mais comumente, encontram-se avaliações de:

- apartamentos;
- armazéns;
- escritórios;
- indústrias;
- lojas;
- residências.

Esses tipos de construção são divididos de acordo com suas características construtivas e detalhes de acabamento, conforme apresentado no Quadro 4.1.

As características dos vários padrões foram objeto de estudo do Eng. João Ruy Canteiro (Canteiro, 1981). Foram também elaboradas, pela Comissão de Peritos, nomeada pelo Exmo. Sr. Dr. Juiz Coordenador do Centro de Apoio aos Juízes da Fazenda (Cajufa), Portaria nº 01/99, recomendações para valores de venda de edificações urbanas, com descrições dos diversos padrões construtivos. O Ibape/SP apresenta as descrições dos diversos padrões construtivos para avaliação de construções urbanas.

Quadro 4.1 Tipos de construções em função de suas características construtivas e detalhes de acabamento

Tipo					
Barraco	**Casa**	**Apartamento**	**Escritório**	**Galpão**	**Cobertura**
Simples Rústico	Luxo Fino Superior Médio Simples Econômico Proletário Rústico	Luxo Fino Superior Médio Simples Econômico	Luxo Fino Superior Médio Simples Econômico	Superior Médio Simples Econômico	Superior Médio Simples

4.4 Coleta de dados

Na avaliação de benfeitorias, devem ser examinados os seguintes elementos:

- planta do projeto aprovado;
- planta do projeto de fundações;
- planta do projeto de execução;
- cortes e fachadas;
- projeto do telhado;
- detalhes das esquadrias de ferro e de madeira;
- projetos de instalações elétricas e hidráulicas;
- memorial descritivo.

Nos casos em que for impossível o exame das peças gráficas, deve ser feito um levantamento detalhado da construção. A título de exemplo, segue um quadro preenchido quando desse levantamento (Quadro 4.2).

Quadro 4.2 Levantamento de características de uma construção

Compartimento	Piso	Paredes	Forros	Esquadrias	Peças
Sala PD. 2,70 m	Tacos	Látex sobre massa	Lajes	Madeira/alumínio	Estante
Quarto PD. 2,70 m	Tacos	Látex sobre massa	Lajes	Madeira/alumínio	Armário
Cozinha PD. 2,70 m	Cerâmica	Azulejos até o teto	Lajes	Madeira/alumínio	Pia cuba inox com tampo de granito
Banheiro PD. 2,70 m	Cerâmica	Azulejos até o teto	Lajes	Madeira/alumínio	Sanitário, lavatório, bidê

4.5 Vistoria

Durante a vistoria, devem ser verificados e anotados os acabamentos e o estado de conservação dos ambientes e cômodos que compõem a benfeitoria, sempre obedecendo a um critério e uma ordem lógicos: pisos, paredes, forros, esquadrias e peças.

Devem ser tiradas fotografias que ilustrarão o laudo de avaliação, documentando principalmente o padrão construtivo e o estado de conservação da construção. Ideias de juízo poderão ser formuladas quanto à adequação do projeto, tendo em vista uma eventual depreciação funcional ou valorização da construção. Atentar principalmente à:

- insolação;
- aeração;
- distribuição de ambientes sociais e de serviços;
- existência de suítes;
- funcionalidade de ambientes, especialmente a cozinha;
- armários embutidos;
- qualidade de material e mão de obra;
- isolamento termoacústico;
- distribuição das vagas de garagem, facilidade de manobra etc.

4.6 Métodos de avaliação

Atualmente os métodos mais utilizados na avaliação de benfeitorias urbanas são o do custo de reprodução e o do custo de reposição.

4.6.1 Método do custo de reprodução

Requer avaliadores com alguma experiência na identificação dos padrões construtivos. Para sua aplicação, inicialmente, devem ser determinados os custos unitários por metro quadrado dos vários tipos e padrões de construção, obtidos dividindo-se o custo total de uma obra com estrutura e acabamentos similares e recentemente concluída pela sua área total construída. Tais preços unitários, básicos, são obtidos por pesquisa do próprio avaliador ou são fornecidos por estudos e trabalhos publicados em revistas técnicas.

Custos Unitários Pini

Mensalmente, a revista *Guia da Construção*, da Editora Pini, publicava os custos unitários de edificações. Além dos custos unitários, constavam na tabela as porcentagens de cada etapa construtiva, o que facilitava, por exemplo, a avaliação de uma obra inacabada.

A título de ilustração, na Tab. 4.1 é reproduzida a tabela de Custos Unitários Pini de Edificações referente ao mês de setembro de 2000 e válida para São Paulo.

Tab. 4.1 Custos Unitários Pini de Edificações – setembro de 2000, São Paulo

Habitac.	Habitac.	Habitac.	Habitac.	Habitac.	Habitac.	Comerc.	Comerc.	Industr.
Resid.	Resid.	Resid.	C/ elev.	S/ elev.	S/ elev.	C/ elev.	S/ elev.	Galpão
Fino	Médio	Popular	Fino	Médio	Popular	Fino	Médio	Médio
R$ 595,21	R$ 469,63	R$ 329,41	R$ 580,61	R$ 508,81	R$ 351,61	R$ 607,10	R$ 536,77	R$ 419,36

Nota: Nos unitários reproduzidos, não são considerados a taxa de Benefícios e Despesas Indiretas (BDI) e os seguintes itens, que devem ser orçados conforme o projeto: cópias, orçamentos, emolumentos, movimento de terra, fundações especiais, ar-condicionado, aquecedores e paisagismo. Na infraestrutura, são considerados somente os serviços referentes a execução de vigas baldrames, travamento e blocos de apoio. Na estimativa de preço de prédios, os custos unitários devem ser aplicados ao total da área construída, que engloba áreas privativas e comuns (garagem, *hall*, escadas etc.). Cumpre observar que os Custos Unitários Pini originam-se de orçamentos desenvolvidos com base em projetos com as características básicas descritas para a tabela.

Custo unitário básico de edificações – SindusCon

Atendendo ao dispositivo legal, os sindicatos estaduais publicam mensalmente os Custos Unitários Básicos (CUB), tendo o Sindicato da Indústria da Construção Civil de Grandes Estruturas do Estado de São Paulo (SindusCon/SP) dado a público a Tab. 4.2.

Tab. 4.2 Exemplo de tabela do SindusCon/SP sobre o custo unitário básico de edificações

Pavimentos	Baixo	Normal	Alto	Baixo	Normal	Alto
	Residencial					
	2 quartos			3 quartos		
1	686,09	703,56	870,11	572,74	652,14	730,55
4	494,51	589,16	715,02	432,72	510,37	609,39
8	482,99	570,30	699,25	415,35	495,17	593,34
12	469,50	567,46	686,64	408,17	409,04	588,51
	Com. salas			Com. andares livres		
4	362,02	430,65	581,08	331,88	406,64	538,52
8	385,12	457,38	601,40	358,82	431,42	565,33
12	335,44	423,50	557,31	328,10	396,70	521,02
16	343,88	411,46	230,79	316,10	384,96	500,79
	Galpão industrial			Casa popular		
1	–	296,32	–	401,10	–	–

Os custos unitários dessa tabela devem ser multiplicados pela área equivalente do edifício, isto é, pelas áreas dos diversos pavimentos ponderados segundo seu valor:

- *garagem*: Ag • 0,5;
- *térreo*: At • 1,0;
- playground, *piscina*: Apg • 0,1;
- *pavimento-tipo*: Apt • 1,0;
- *caixa-d'água, casa de máquinas*: Acm • 0,3.

Ao preço obtido, acrescer:

- *fundações especiais*: 5%;
- *instalações especiais*: 6%;
- *elevadores*: 5% por elevador.

Acrescentar 35% de BDI no máximo. Diminuir BDI para empreendimentos de menor valor.

Deve-se notar que os cálculos dos custos unitários não incluem os seguintes itens: fundações especiais; elevadores; instalações de ar-condicionado; calefação; telefone interno; fogões; aquecedores; *playground*; equipamentos de garagem; obras complementares de terraplenagem; urbanização; recreação; ajardinamento; ligações de serviços públicos; despesas com instalação, funcionamento e regulamentação do condomínio; impostos e taxas; projeto incluindo despesas com honorários profissionais e material de desenho; e incorporador.

Por outro lado, considerando que no cálculo desses custos unitários é obedecida a NBR 12721 (que substituiu a NB 140), é imprescindível o conhecimento dos projetos padrões e suas respectivas especificações do Sistema Nacional de Pesquisa de Custos e Índices da Construção (Sinapi), dos quais se originam os orçamentos dos vários tipos de obra.

Cumpre observar que, quando a construção avalianda é semelhante em área, acomodações, qualidades e quantidades a um determinado padrão do tipo tabelado, os resultados obtidos através do método do custo de reprodução são bastante acertados.

O custo unitário determinado é então multiplicado pela área (m^2) da construção avalianda.

Críticas ao método do custo de reprodução

O grande obstáculo à aplicação desse método é que dificilmente a construção avalianda é exatamente igual ao modelo adotado pela comparação. Sempre existem diferenças entre qualidades e acabamentos das duas construções. Todavia, para minimizar os erros, os custos unitários de reprodução por metro quadrado são calculados para uma construção dita modelo ou básica, e são então efetuados ajustes com base nas diferenças de qualidade e acabamento constatadas na vistoria.

No caso de melhoramentos que impliquem realmente grande afastamento do modelo adotado, como pisos especiais, revestimentos nobres em paredes, banheiros extras ou outros de ordem excepcional, é aconselhável que eles sejam avaliados separadamente e adicionados ao preço unitário básico.

4.6.2 Método do custo de reposição

Esse método é utilizado geralmente por avaliadores com larga experiência no ramo da construção civil, pois se baseia em projetos detalhados e especificações, preços correntes de materiais e de mão de obra especializada. Nesse método, uma estimativa detalhada de custos é efetuada para cada item principal da construção, considerando-se materiais e mão de obra, de acordo com as especificações e o cronograma da obra.

Cada unidade da construção, desde as fundações até a limpeza final, incluindo custos de projetos e despesas com aprovação de projetos e ligações de utilidades, deve ser considerada e orçada. Ao somatório dos custos dos materiais e da mão de obra deve ser acrescentada uma porcentagem referente à administração geral da obra por profissional habilitado.

Na elaboração dos orçamentos, podem ser utilizadas diversas tabelas de composição de preços.

Crítica ao método do custo de reposição

Quando aplicado com cuidado, esse método conduz a resultados bastante precisos. Todavia, sua aplicação é trabalhosa, exigindo grande dispêndio de tempo, e é consequentemente bastante onerosa.

4.6.3 Método da benfeitoria resíduo

Os dois métodos citados anteriormente – de reprodução e de reposição – baseiam-se exclusivamente nas características das benfeitorias. Existe um terceiro método que fornece indiretamente o valor da benfeitoria. Conhecido como método da benfeitoria resíduo, ele consiste em avaliar inicialmente o terreno no qual a benfeitoria se encontra edificada, supondo-o sem benfeitorias (valor V_t). A seguir, avalia-se o imóvel em estudo (terreno + benfeitoria existente) pelo método da renda, obtendo-se o valor V_i. Ao subtrair V_t de V_i, obtém-se o valor resíduo da benfeitoria ($V_i - V_t = V_b$).

Trata-se de um método que fornece realmente o valor da benfeitoria, e não seu custo, mas que exige muita cautela e conhecimento para sua aplicação.

4.6.4 Método evolutivo

Identifica o valor da benfeitoria pelo somatório das parcelas componentes dele. Caso a finalidade seja a identificação do valor de mercado, deve ser considerado o fator de comercialização, preferencialmente medido por comparação no mercado.

4.6.5 Descrição e caracterização das edificações (Ibape, 2017)

Classe 1: Residencial

Barraco

Padrão rústico

Típico de favelas e composto geralmente de um cômodo, às vezes com banheiro. As edificações são construídas de forma improvisada a partir de sobras de materiais de construção e outros, tais como papelão, compensado de madeira ou similar. Além disso, apresentam piso em terra batida e instalações hidráulicas e elétricas precárias.

Padrão simples

Típico de favelas, podendo ter mais de um cômodo e banheiro interno. As edificações são construídas a partir do reaproveitamento de diversos tipos de materiais de construção ou, às vezes, alvenaria sem revestimentos. Também apresentam piso cimentado ou atijolado e instalações hidráulicas e elétricas precárias.

Casa

Padrão rústico

Casas construídas sem preocupação com projeto, aparentemente sem utilização de mão de obra qualificada ou acompanhamento de profissional habilitado. Associadas à autoconstrução, geralmente apresentam pé-direito aquém dos usuais e deficiências construtivas evidentes, tais como desaprumos e desníveis. Na maioria das vezes são térreas, construídas em alvenaria e normalmente sem estrutura portante. Apresentam cobertura em laje pré-moldada ou telhas em fibrocimento onduladas sobre madeiramento não estruturado e sem forro, além de fachadas desprovidas de revestimentos e áreas externas com pisos em terra batida ou cimentado rústico. Caracterizam-se pelo uso apenas de materiais construtivos, de instalações e de acabamentos indispensáveis:

- *Pisos*: cimentado ou caco de cerâmica.
- *Paredes*: sem revestimentos internos ou externos.
- *Instalações hidráulicas*: incompletas e com encanamentos aparentes.
- *Instalações elétricas*: incompletas e com fiação exposta.
- *Esquadrias*: de madeira rústica e/ou ferro simples, sem pintura e geralmente reaproveitadas.

Padrão proletário

Casas construídas aparentemente sem preocupação com projeto ou utilização de mão de obra qualificada. Na maioria das vezes são construídas em etapas, com uma série de cômodos sem funções definidas, e podem ocupar a totalidade do terreno e ter mais de um pavimento, utilizando alvenaria e estrutura de concreto improvisada. Apresentam cobertura em laje pré-moldada, podendo ter impermeabilização por processo simples ou telhas de fibrocimento sobre madeiramento não estruturado, sem forro. Geralmente associadas à autoconstrução, apresentam pé-direito aquém dos legalmente especificados e deficiências construtivas evidentes, tais como desaprumos, desníveis e falta de arremates. Além disso, possuem fachadas sem revestimentos ou com chapisco, emboço ou reboco e áreas externas em terra batida, cimentado rústico ou sobras de materiais. Caracterizam-se pela utilização de materiais construtivos essenciais e aplicação de poucos acabamentos:

- *Pisos*: cimentados ou revestidos com caco de cerâmica ou cerâmica de qualidade inferior.
- *Paredes*: chapisco, podendo ter partes com pintura ou faixas com azulejos ou, ainda, sem revestimentos.
- *Instalações hidráulicas*: incompletas, com peças sanitárias simples e encanamentos eventualmente embutidos.
- *Instalações elétricas*: incompletas e geralmente com fiações aparentes.
- *Esquadrias*: de madeira, alumínio e/ou ferro simples e de baixa qualidade.

Padrão econômico

Casas construídas sem preocupação com projeto arquitetônico, satisfazendo a uma distribuição interna básica, geralmente com dois ou mais cômodos, cozinha e banheiro. Na maioria das vezes são térreas, erigidas em estrutura simples, com alvenaria de tijolos de barro ou de blocos de concreto, total ou parcialmente revestidas. Apresentam cobertura em laje pré-moldada impermeabilizada por processo simples, ou telhas de cimento rústico ou revestidas com caco de cerâmica ou similar, além de fachadas normalmente com emboço ou reboco, podendo ter pintura comum. Caracterizam-se pela utilização de materiais construtivos básicos e pelo emprego de acabamentos de qualidade inferior, restritos a alguns cômodos:

- *Pisos*: cimentado, cerâmica ou caco de cerâmica.
- *Paredes*: pintura simples sobre emboço ou reboco; barra impermeável ou azulejo comum nas áreas molhadas, eventualmente até o teto.

- *Forros*: sem revestimentos ou com pintura sobre emboço e reboco sobre a própria laje ou sobre madeira comum.
- *Instalações hidráulicas*: mínimas, geralmente embutidas; aparelhos sanitários de louça comum e metais de modelo simples.
- *Instalações elétricas*: sumárias, em geral embutidas e com número mínimo de pontos de luz, interruptores e tomadas, utilizando componentes comuns.
- *Esquadrias*: de madeira, alumínio com perfis econômicos e/ou ferro comum.

Padrão simples

Edificações térreas ou assobradadas, podendo ser geminadas de ambos os lados. Satisfazem a um projeto arquitetônico simples, sendo geralmente compostas de sala, um ou mais dormitórios, banheiro e cozinha, podendo dispor de dependências externas para serviços e cobertura simples para um veículo. Apresentam estrutura simples de concreto e alvenaria de tijolos de barro ou de blocos de concreto, revestidas interna e externamente, além de cobertura em laje pré-moldada impermeabilizada ou em telhas de cimento amianto ou barro sobre estrutura de madeira, com forro. Possuem áreas externas sem tratamentos especiais e, eventualmente, pisos cimentados ou revestidos com caco de cerâmica ou cerâmica comum. As fachadas são normalmente pintadas a látex sobre emboço ou reboco, podendo ter aplicação de pastilhas, cerâmicas ou materiais equivalentes, na fachada principal. Caracterizam-se pela utilização de materiais construtivos e acabamentos econômicos simples:

- *Pisos*: cerâmica comum, taco, forração de carpete.
- *Paredes*: pintura sobre emboço ou reboco; eventualmente azulejo até o teto nas áreas molhadas.
- *Forros*: pintura sobre emboço ou reboco aplicados na própria laje, ou sobre madeira comum.
- *Instalações hidráulicas*: embutidas e restritas aos componentes essenciais, dotadas de peças sanitárias comuns e metais de modelo simples.
- *Instalações elétricas*: embutidas, com pontos de iluminação básicos, reduzido número de tomadas e utilização de componentes comuns.
- *Esquadrias*: de madeira, ferro e/ou alumínio de padrão popular.

Padrão médio

Edificações térreas ou assobradadas, podendo ser isoladas ou geminadas de um dos lados. Apresentam alguma preocupação com o projeto arquitetônico, principalmente no tocante aos revestimentos internos. São compostas geralmente de sala, dois ou três dormitórios (eventualmente uma suíte), banheiro, cozinha, dependências para empregada e abrigo ou garagem para um ou mais veículos. Possuem estrutura mista de concreto e alvenaria, revestida interna e externamente, e cobertura em laje pré-moldada impermeabilizada ou em telhas de barro apoiadas em estrutura de madeira, com forro. Nas áreas externas, os pisos são cimentados ou revestidos com cerâmica comum, podendo apresentar jardins. As fachadas são normalmente pintadas a látex sobre emboço ou reboco, usualmente com aplicação de pedras, pastilhas ou materiais equivalentes, na fachada principal. Caracterizam-se pela utilização de materiais construtivos convencionais e pela aplicação de acabamentos de boa qualidade, porém padronizados e fabricados em série:

- *Pisos*: pedra comum, taco, assoalho, carpete, vinílico, cerâmica esmaltada.
- *Paredes*: pintura látex sobre massa corrida ou gesso; azulejo até o teto nas áreas molhadas.
- *Forros*: pintura sobre massa corrida na própria laje; gesso; madeira.
- *Instalações hidráulicas*: completas, atendendo a uma disposição básica, com peças sanitárias e seus respectivos componentes de padrão comercial, podendo dispor de aquecedor individual.
- *Instalações elétricas*: completas e com alguns circuitos independentes, satisfazendo a uma distribuição básica de pontos de luz e tomadas, podendo estar incluídos pontos para telefone e televisão.
- *Esquadrias*: portas lisas de madeira, caixilhos de ferro, madeira ou alumínio e janelas com venezianas de madeira ou de alumínio de padrão comercial.

Padrão superior

Edificações em geral isoladas, podendo ser térreas ou com mais pavimentos, construídas atendendo a um projeto arquitetônico planejado no tocante à disposição interna dos ambientes e a detalhes personalizados nas fachadas. Compostas geralmente de sala para dois ou mais ambientes, três ou mais dormitórios (pelo menos uma suíte), banheiros, lavabo social, copa, cozinha, além de dependências de serviço completas e garagem para dois ou mais veículos. Apresentam estrutura mista e cobertura de telhas de barro sobre estrutura de madeira ou lajes maciças impermeabilizadas com proteção térmica, além de fachadas pintadas a látex sobre massa corrida, textura acrílica ou com aplicação de pedras ou materiais equivalentes. Suas áreas externas são jardinadas e pavimentadas com pedras ou cerâmicas especiais, eventualmente dotadas de piscina ou churrasqueira. Caracterizam-se pela utilização de materiais construtivos e acabamentos de boa qualidade, alguns fabricados sob encomenda:

- *Pisos*: assoalho; carpete de alta densidade; cerâmica esmaltada; placas de mármore, granito ou similar com dimensões padronizadas.
- *Paredes*: pintura acrílica sobre massa corrida ou gesso; cerâmica, fórmica ou pintura especial nas áreas frias.
- *Forros*: pintura sobre massa corrida na própria laje; gesso; madeira.
- *Instalações hidráulicas*: completas e executadas atendendo a projetos específicos; banheiros com peças sanitárias, metais e seus respectivos componentes de qualidade, podendo ser dotados de sistema de aquecimento central.
- *Instalações elétricas*: completas e compreendendo diversos pontos de iluminação e tomadas distribuídas utilizando circuitos independentes e componentes de qualidade, inclusive pontos de telefone e de TV a cabo e, eventualmente, equipamentos de segurança.
- *Esquadrias*: de madeira estruturada, ferro e/ou alumínio, caracterizadas por trabalhos e projetos especiais.

Padrão fino

Edificações em terrenos de grandes proporções, totalmente isoladas, obedecendo a um projeto arquitetônico peculiar, que se preocupa com funcionalidade e harmonia entre os materiais construtivos, assim como com os detalhes dos acabamentos aplicados. São compostas normalmente de salas para três ambientes ou mais (de estar, de jantar, de escritório, de biblioteca, de inverno etc.), lavabo, sala de almoço, copa, cozinha com despensa, quatro ou mais dormitórios (geralmente suítes), dependências para empregados e garagem para no mínimo três veículos. Suas áreas livres são planejadas, atendendo a um projeto de paisagismo, podendo ter piscina, quadra esportiva ou churrasqueira. Apresentam estrutura completa de concreto armado, além de cobertura em laje impermeabilizada com produtos apropriados, obedecendo a projeto específico, e com proteção térmica ou em telhas de cerâmica ou ardósia sobre estrutura de madeira. As fachadas são pintadas a látex acrílico sobre massa corrida, textura ou com aplicação de pedras especiais ou materiais equivalentes, com os detalhes definindo um estilo arquitetônico. Caracterizam-se pela utilização de materiais construtivos e acabamentos especiais, geralmente produzidos sob encomenda:

- *Pisos*: mármore ou granito, assoalhos, carpete de alta qualidade.
- *Paredes*: pintura acrílica sobre massa corrida, azulejos, fórmica, epóxi, tecidos, papel decorado, porcelanato ou materiais equivalentes.

- *Forros*: pintura acrílica sobre massa corrida aplicada na própria laje ou gesso; madeira.
- *Instalações hidráulicas*: obedecendo a projeto específico, banheiros dotados de peças sanitárias e metais nobres, hidromassagem, aquecimento central.
- *Instalações elétricas*: projetadas especialmente e utilizando circuitos independentes e componentes de qualidade, para pontos de usos diversos, inclusive tomadas para equipamentos domésticos, telefone, eventualmente ar-condicionado e equipamentos de segurança.
- *Esquadrias*: de madeira ou alumínio, com detalhes de projeto específico e utilizando ferragens especiais.

Padrão luxo

Edificações em terrenos de amplas dimensões, totalmente isoladas, satisfazendo a um projeto arquitetônico exclusivo, tanto na disposição e na integração dos ambientes, amplos e bem planejados, como nos detalhes personalizados dos materiais e dos acabamentos utilizados. Geralmente são compostas por salas para quatro ambientes ou mais (de estar, de jantar, de escritório, de biblioteca, de música, com lareira etc.), lavabo, sala de almoço, copa, cozinha, adega, despensa, quatro ou mais suítes, sendo uma máster, dependências completas para empregados (mais de um dormitório), garagem para quatro ou mais veículos. Suas áreas livres são planejadas, atendendo a um projeto paisagístico especial, usualmente contendo área de lazer completa, como piscinas, vestiários, quadras de esportes e churrasqueira. Apresentam cobertura em lajes maciças com proteção térmica ou em telhas de cerâmica ou ardósia, sobre estrutura de madeira, além de fachadas com tratamentos arquitetônicos especiais, definidos pelo estilo do projeto de arquitetura. Caracterizam-se pela natureza excepcionalmente nobre e diferenciada dos materiais e dos acabamentos empregados, personalizados para reforçar a intenção do projeto, em geral especialmente desenhados e caracterizados por trabalhos especiais e com acessórios fabricados por encomenda.

Apartamento

Padrão econômico

Edificações com dois ou mais pavimentos, sem elevador, executadas obedecendo à estrutura convencional e sem preocupação com o projeto arquitetônico, seja de fachada ou de funcionalidade. Possuem *hall* de entrada e corredores com dimensões reduzidas e acabamentos simples, sem portaria e normalmente sem espaço para estacionamento, podendo o térreo apresentar destinações diversas, tais como pequenos salões comerciais, oficinas ou lojas. Apresentam fachadas sem tratamentos especiais, normalmente pintadas a látex sobre emboço ou reboco. As unidades normalmente são constituídas de sala, um ou mais dormitórios, banheiro, cozinha e área de serviço conjugada, normalmente sem dependências de empregada. Caracterizam-se pela utilização de materiais construtivos essenciais e pelo emprego de poucos acabamentos:

- *Pisos*: cerâmica simples, caco de cerâmica, taco, forração ou até cimentado.
- *Paredes*: pintura látex sobre emboço ou reboco, barra impermeável (pintura ou azulejos comuns) nas áreas molhadas.
- *Instalações hidráulicas*: sumárias, com número mínimo de pontos de água, e banheiros dotados das peças sanitárias básicas, de modelo simples.
- *Instalações elétricas*: sumárias e com poucos pontos de luz, interruptores e tomadas, utilizando componentes comuns.
- *Esquadrias*: ferro, venezianas de PVC ou de alumínio do tipo econômico.

Padrão simples

Edificações com três ou mais pavimentos, dotadas ou não de elevador (marca comum) e satisfazendo a um projeto arquitetônico simples. Possuem *hall* de entrada e corredores com dimensões reduzidas e acabamentos simples, geralmente sem portaria, podendo o térreo apresentar outras destinações, tais como pequenos salões comerciais ou lojas. Eventualmente pode haver espaço para estacionamento contendo vagas de uso coletivo. Apresentam fachadas sem tratamentos especiais, normalmente pintadas a látex sobre emboço ou reboco, podendo ter aplicação de pastilhas, cerâmica ou materiais equivalentes. As unidades normalmente são constituídas de sala, um ou mais dormitórios, banheiro, cozinha e área de serviço conjugada ou separada por meia parede, geralmente sem dependências de empregada. Caracterizam-se pela utilização de acabamentos econômicos, porém de boa qualidade, tanto nas áreas privativas como nas de uso comum:

- *Pisos*: cerâmica simples, vinílico, taco ou forração.
- *Paredes*: pintura látex sobre emboço, reboco ou gesso, barra de azulejos (eventualmente até o teto) nas áreas molhadas.
- *Instalações hidráulicas*: sumárias, com número mínimo de pontos de água; instalação somente de água fria; peças sanitárias básicas, de modelo simples.
- *Instalações elétricas*: sumárias, com número mínimo de pontos de luz, interruptores ou tomadas, utilizando componentes comuns.
- *Esquadrias*: ferro, venezianas de PVC ou de alumínio do tipo comum.

Padrão médio

Edifícios com quatro ou mais pavimentos apresentando alguma preocupação com a forma e a funcionalidade arquitetônica, principalmente no tocante à distribuição interna das unidades, em geral quatro por andar. São dotados de elevadores de padrão médio (social e de serviço), geralmente com acessos e circulação pelo mesmo corredor. As áreas comuns apresentam acabamentos de padrão médio e podem conter salão de festas e, eventualmente, quadras de esportes e piscinas, além de guarita e apartamento de zelador. Possuem fachadas com pintura sobre massa corrida ou texturizada ou com aplicação de pastilhas, cerâmicas ou materiais equivalentes. As unidades contêm sala para dois ambientes, cozinha, área de serviço conjugada, dois ou três dormitórios (podendo um deles ter banheiro privativo) e uma vaga de garagem por unidade, podendo possuir, também, dependências para empregada. Caracterizam-se pela utilização de materiais construtivos e acabamentos de boa qualidade, porém padronizados e fabricados em escala comercial, tanto nas áreas privativas como nas de uso comum:

- *Pisos*: taco, carpete de madeira ou acrílico, cerâmica, placas de granito.
- *Paredes*: pintura látex sobre massa corrida ou gesso, azulejos de padrão comercial.
- *Instalações hidráulicas*: completas, atendendo a uma disposição básica, com peças sanitárias e seus respectivos componentes de padrão comercial, servidos por água fria, mas podendo dispor de aquecedor individual.
- *Instalações elétricas*: completas e com alguns circuitos independentes satisfazendo a uma distribuição básica de pontos de luz e tomadas, podendo estar incluídos pontos para telefone e televisão.
- *Esquadrias*: caixilhos de ferro ou de alumínio; venezianas de alumínio ou PVC com dimensões padronizadas.

Padrão superior

Edifícios atendendo a um projeto arquitetônico com soluções planejadas tanto na estética das fachadas como na distribuição interna dos apartamentos, em geral dois por andar. São dotados de dois ou mais elevadores (social e de serviço), geralmente com acessos e circulação independentes. Possuem *hall* social não necessariamente amplo, porém com revestimentos e elementos de decoração de bom padrão. As áreas externas apresentam grandes afastamentos e jardins, podendo ou não conter área de lazer (salão de festas, quadras de esportes, piscinas etc.). As fachadas são pintadas sobre massa corrida, massa texturizada ou cerâmica, eventualmente combinadas com detalhes em granito ou material equivalente. As unidades contêm salas para dois ou mais ambientes, três dormitórios, cozinha, dois ou mais banheiros completos (pelo menos uma suíte), dependências para empregada e duas ou mais vagas de estacionamento. Caracterizam-se pela utilização de materiais construtivos e acabamentos de bom padrão e qualidade, tanto nas áreas privativas como nas de uso comum:

- *Pisos*: assoalho, cerâmica esmaltada, carpete, placas de mármore ou de granito.
- *Paredes*: pintura látex sobre massa corrida ou gesso, cerâmica.
- *Instalações hidráulicas*: completas, com peças sanitárias e metais de boa qualidade; aquecimento central.
- *Instalações elétricas*: completas e compreendendo diversos pontos de iluminação e tomadas com distribuição utilizando circuitos independentes e componentes de qualidade, inclusive pontos especiais para equipamentos eletrodomésticos e instalações para antena de TV e telefone nas principais acomodações.
- *Esquadrias*: caixilhos e venezianas de madeira ou de alumínio.

Padrão fino

Edifícios exibindo linhas arquitetônicas esmeradas, normalmente compostos de um único apartamento por andar, podendo ser *duplex*. Os elevadores são de primeira linha, com circulação independente para a parte social e de serviço, ambos com acesso direto aos subsolos. Possuem *hall* social amplo, com materiais de acabamento e de decoração esmerados e pé-direito elevado, além de guarita e sistema especial de segurança. Apresentam áreas externas com grandes afastamentos, planejadas e com tratamento paisagístico especial, geralmente complementadas com área de lazer completa. As fachadas são dotadas de tratamentos especiais em concreto aparente, massa raspada, texturizada, granito ou material equivalente. As unidades são compostas por pelo menos quatro dormitórios (no mínimo duas suítes), sala para três ou mais ambientes, dependências de empregada, ampla área de serviço e no mínimo três vagas de estacionamento, eventualmente acrescidas de outras para visitantes. Caracterizam-se pela utilização de materiais construtivos e acabamentos especiais, tanto nas áreas privativas como nas de uso comum:

- *Pisos*: madeira, mármore, granito polido, cerâmica especial ou similar.
- *Paredes*: pintura látex sobre massa corrida, cerâmica, epóxi, melamínico ou similar.
- *Instalações hidráulicas*: completas e obedecendo a uma disposição especial, com peças sanitárias e metais de qualidade superior, podendo dispor de hidromassagem e aquecimento central.

- *Instalações elétricas*: sistema especial de iluminação, projetado em circuitos independentes, com componentes de qualidade e pontos de tomadas para usos diversos, inclusive para equipamentos domésticos; eventualmente com ar-condicionado.
- *Esquadrias*: de madeira ou alumínio, executadas atendendo a projetos específicos e utilizando ferragens especiais.

Padrão luxo

Edifícios com linhas arquitetônicas exclusivas e estilo diferenciado, atendendo a projeto arquitetônico singular, com áreas privativas e sociais amplas e bem planejadas, caracterizadas pela natureza excepcionalmente nobre dos materiais e dos revestimentos utilizados. Os elevadores são de marca reputada, com acessos e circulação independentes para a parte social e de serviço. Esses edifícios possuem saguão social amplo e pé-direito elevado, são dotados de materiais de acabamento e decoração esmerados, e controlados com sistema de vigilância por TV. Apresentam áreas externas com grandes afastamentos, planejadas e atendendo a um projeto paisagístico, em geral com área de lazer completa. As fachadas possuem tratamento arquitetônico em concreto aparente ou são revestidas com massa raspada, massa texturizada, granito ou material equivalente. As unidades são amplas, com normalmente uma por andar, podendo ser *duplex* ou *triplex*. Há, nesse padrão de edifício, uma preocupação especial com a disposição dos ambientes, que é caracterizada pela circulação diferenciada nas áreas sociais, íntima e de serviço. As unidades são compostas por salas para diversos ambientes (de estar, de jantar, íntima, com lareira, de almoço, de biblioteca), pelo menos quatro suítes, com *closet,* sendo uma máster, cozinha, despensa e área de serviço com instalações completas para empregados, além de varandas nas quais podem estar incluídas churrasqueiras e piscinas privativas. Normalmente há quatro ou mais vagas de estacionamento por unidade, além de outras para visitantes. Caracterizam-se pela natureza excepcionalmente nobre e diferenciada das instalações e dos materiais de acabamento empregados, geralmente personalizados e caracterizados por trabalhos especiais.

Classe 2: Comercial – serviços/industrial

Escritório

Padrão econômico

Edificações térreas ou com mais pavimentos, executadas obedecendo à estrutura convencional e sem preocupação com a funcionalidade ou o estilo arquitetônico.

Não possuem elevador e normalmente não dispõem de espaço para estacionamento. Os andares usualmente são subdivididos em salas com dimensões reduzidas, geralmente dotadas de banheiros coletivos no andar, com instalações sumárias e aparelhos sanitários básicos, de modelo simples. O térreo pode apresentar destinações diversas, tais como salões, oficinas ou lojas, sendo o acesso aos andares superiores feito através de escadas e corredores estreitos, em geral sem portaria. Apresentam fachadas sem tratamento arquitetônico, normalmente pintadas a látex sobre emboço ou reboco, combinadas com caixilhos do tipo econômico, fabricados com material de qualidade inferior. Caracterizam-se pela utilização de poucos acabamentos, tanto nas áreas privativas como nas de uso comum:

- *Pisos*: cerâmica comum, taco, forração, caco de cerâmica ou até cimentado liso.
- *Paredes*: pintura látex sobre emboço ou reboco, podendo dispor de barra impermeável nas áreas molhadas e, eventualmente, nas áreas de circulação e escadarias.
- *Forros*: pintura sobre emboço e reboco na própria laje.
- *Instalações elétricas*: sumárias, com número mínimo de pontos de luz, interruptores e tomadas, utilizando componentes comuns.

Padrão simples

Edificações com até quatro pavimentos, sem elevador, executadas obedecendo à estrutura convencional e com arquitetura interior e exterior simples. Os andares, subdivididos em salas com dimensões reduzidas, possuem banheiros que podem ser privativos ou coletivos, contendo apenas instalações básicas e metais de modelo simples. Apresentam *hall* e corredores de larguras reduzidas, geralmente sem portaria, podendo o térreo apresentar destinações diversas, tais como salões ou lojas; além disso, normalmente há poucas vagas de estacionamento. Possuem fachadas sem tratamento arquitetônico, normalmente pintadas a látex sobre emboço ou reboco, sendo possível ocorrer, na fachada principal, aplicação de pastilhas, ladrilhos ou materiais equivalentes e caixilhos comuns fabricados com material simples e vãos de pequenas dimensões. Caracterizam-se pela utilização de itens construtivos básicos e acabamentos simples e econômicos, de qualidade inferior, tanto nas áreas das unidades como nas de uso comum:

- *Pisos*: cerâmica comum, taco, vinílico ou forração.
- *Paredes*: pintura látex comum sobre emboço ou reboco, com barra impermeável (cerâmica ou pintura) nas áreas molhadas, nas áreas comuns e nas escadarias.

- *Forros*: pintura sobre emboço e reboco na própria laje ou sobre placas de gesso.
- *Instalações elétricas*: sumárias, com número mínimo de pontos de luz, interruptores e tomadas, utilizando componentes comuns.

Padrão médio

Edifícios com quatro ou mais pavimentos, atendendo a projeto arquitetônico simples, compreendendo salas ou conjuntos de salas de dimensões médias, dotadas de banheiros privativos, inclusive copa. Geralmente há um número reduzido de vagas de estacionamento por unidade. Apresentam *hall* de entrada não necessariamente amplo, dotado de portaria e elementos decorativos simples. Quando existentes, os elevadores são de padrão médio. Possuem áreas externas com recuos mínimos e em geral ajardinadas. Nas fachadas, tem-se a aplicação de pastilhas, texturas ou materiais equivalentes e caixilhos de ferro, alumínio ou similar observando vãos de dimensões médias. Caracterizam-se pela utilização de itens construtivos e acabamentos de qualidade, mas padronizados e fabricados em escala comercial, tanto nas áreas privativas como nas de uso comum:

- *Pisos*: cerâmica, ardósia, carpete ou similar, de padrão comercial.
- *Paredes*: pintura látex sobre massa corrida ou gesso, azulejo, pastilha cerâmica ou similar nas áreas molhadas.
- *Forros*: pintura sobre a própria laje com massa corrida ou gesso, podendo ocorrer rebaixamento com painéis.
- *Instalações elétricas*: de boa qualidade e com quantidade de pontos de luz e tomadas que permita alguma flexibilização no uso dos espaços. Em geral não possuem sistema de ar condicionado central, sendo previsto local para a colocação de aparelho individual.

Padrão superior

Edifícios atendendo a projeto arquitetônico especial, prevendo alguma versatilidade na distribuição dos espaços internos das unidades, dispostas em lajes de proporções médias. Apresentam *hall* social amplo e com elementos decorativos de qualidade, e elevadores de padrão superior. Normalmente estão disponíveis duas ou mais vagas de estacionamento por unidade e, eventualmente, também para visitantes. As áreas externas em geral possuem tratamento paisagístico, e as fachadas são tratadas com material de qualidade, como alumínio, revestimento de cerâmica ou *fulget*, massa texturizada. Os caixilhos desses edifícios são amplos e executados por projeto específico, podendo, inclusive, constituir as denominadas *cortinas de vidro*.

Caracterizam-se pela utilização de itens construtivos e acabamentos de boa qualidade, tanto nas áreas privativas como nas de uso comum:

- *Pisos*: carpete de alta resistência apropriado ao uso comercial, cerâmica, placas de mármore, granito ou similar.
- *Paredes*: pintura látex sobre massa corrida ou gesso.
- *Forros*: geralmente rebaixados com placas termoacústicas.
- *Instalações elétricas*: sistema de distribuição dimensionado para o uso diversificado de pontos de luz e tomadas, com componentes de qualidade. Usualmente possuem sistema de ar condicionado central, e a passagem de cabos e fios em geral é feita por pisos elevados.

Padrão fino

Edifícios atendendo a projeto arquitetônico diferenciado, especialmente concebido em lajes de grandes proporções, em geral livres de alvenarias internas e com módulos de banheiros e copas em posições estratégicas que permitem versatilidade no aproveitamento dos pavimentos, integral ou subdividido. Possuem *hall* de entrada amplo, geralmente com pé-direito duplo e dotado de revestimentos especiais. As áreas externas são tratadas com projeto paisagístico especiais, e os elevadores são de marca reputada, projetados com acabamentos de qualidade e especial capacidade de atendimento à circulação de pessoas. Esses edifícios são geralmente dotados de heliporto e estacionamento com disponibilidade de diversas vagas, inclusive para visitantes. Apresentam fachadas tratadas com material de grande impacto visual, com uso de materiais de aço inoxidável ou escovado, vidros duplos, refletivos, granito ou concreto aparente, integrando-se para constituir as cortinas de vidro. Caracterizam-se pela utilização de itens construtivos e acabamentos especiais e personalizados, tanto nas áreas privativas como nas de uso comum:

- *Pisos*: geralmente elevados e revestidos com carpete de alta resistência apropriado ao uso comercial, mármore, granito polido, cerâmica ou material equivalente.
- *Paredes*: pintura acrílica sobre massa corrida ou gesso ou outros revestimentos especiais.
- *Forros*: geralmente rebaixados com painéis de gesso acartonado ou de fibra mineral, podendo ocorrer pintura a látex sobre massa corrida ou gesso.
- *Instalações elétricas*: sistema flexível na distribuição dos circuitos elétricos, com grande número de pontos de luz e tomadas, utilizando componentes

de excelente qualidade e projetados especialmente para ter capacidade de incorporar os equipamentos de alta tecnologia e de informática. Sistema de ar condicionado central com *self-contained*.

Padrão luxo

Edifícios atendendo a projeto arquitetônico singular, estruturado em lajes amplas e especialmente concebido para instalar automação predial e integrar sistemas de segurança e de manutenção, além de infraestrutura adequada para receber os incrementos tecnológicos. Dispõem de instalações de ar-condicionado central com termoacumulação de gelo, dotadas, via de regra, de controles climáticos e sensores eletrônicos. Os elevadores são de alta velocidade e capacidade, com controladores de potência e tensão de acordo com a carga, além de comandos especiais para atender a chamadas conforme a necessidade dos usuários. Geralmente possuem heliporto. Suas áreas de estacionamento são amplas, com diversas vagas por unidade, inclusive para visitantes. Apresentam áreas externas com grandes afastamentos, atendendo a um projeto paisagístico especial, e áreas comuns decoradas com materiais sofisticados, possuindo salões de convenção e outras dependências de apoio. As fachadas são de grande impacto visual, integrando o uso do concreto armado, do aço inoxidável ou escovado ao uso de vidros duplos ou triplos, refletivos ou semirrefletivos, sendo especialmente projetadas sob os pontos de vista de luminosidade, conforto térmico e isolamento acústico. Caracterizam-se pela natureza excepcionalmente nobre e diferenciada de explorar e expressar os materiais e revestimentos e as técnicas disponíveis no momento de sua concepção, personalizados e caracterizados por trabalhos especiais.

Galpão

Padrão econômico

Construção com um só pavimento, vãos de pequenas proporções – podendo chegar até 10,00 m – e fechamentos com alvenaria de tijolos ou blocos de concreto, que podem ou não ser totalmente vedados. Apresentam cobertura em telhas de barro, metal ou fibrocimento, sobre estrutura de madeira ou metal, sem forro, além de fachadas sem revestimentos, que podem ser pintadas a látex sobre emboço ou reboco. Caracterizam-se pela utilização apenas de materiais de acabamento essenciais:

- *Pisos*: em geral de concreto rústico, podendo ter revestimento comum nos banheiros.

- *Paredes*: em geral sem revestimentos ou pintura sobre reboco, eventualmente com barra impermeável nos banheiros.
- *Instalações hidráulicas*: sumárias, dotadas de aparelhos sanitários simples.
- *Instalações elétricas*: mínimas, com poucos pontos de luz e tomadas, podendo apresentar fiações aparentes.
- *Esquadrias*: de madeira, alumínio e/ou ferro simples e de baixa qualidade.

Padrão simples

Construções com um pavimento ou mais, podendo ter divisões internas para escritórios, mezaninos ou outras dependências. São projetados para vãos de proporções médias, em geral até 10,00 m, em estrutura metálica ou de concreto, e com fechamentos com alvenaria de tijolos ou blocos de concreto. Apresentam coberturas de telhas de barro ou de fibrocimento sobre tesouras de madeira ou metal, geralmente com forro. As fachadas normalmente são pintadas a látex sobre emboço ou reboco, ou então não possuem revestimentos. Caracterizam-se pela utilização de poucos acabamentos:

- *Paredes*: pintura a látex, podendo apresentar barras impermeáveis e azulejos comuns nos banheiros.
- *Instalações hidráulicas*: simples e dotadas apenas dos equipamentos básicos.
- *Instalações elétricas*: econômicas.
- *Esquadrias*: de madeira, ferro ou alumínio.

Padrão médio

Construções com um pavimento ou mais, projetadas para vãos, em geral superiores a 10,00 m, utilizando estruturas metálicas ou de concreto pré-moldado ou armado no local. Apresentam coberturas metálicas ou telhas pré-moldadas de concreto protendido e fachadas com tratamento arquitetônico simples, pintadas a látex, com revestimento de cerâmica ou outros materiais. As áreas externas possuem piso cimentado ou concreto simples, podendo ter partes ajardinadas. Caracterizam-se pela aplicação de materiais de acabamentos econômicos:

- *Pisos*: concreto estruturado nas áreas dos galpões e cerâmica, vinílico, carpete ou outros materiais nas demais dependências.
- *Paredes*: pintura a látex sobre emboço ou reboco e barra impermeável ou azulejo nos banheiros.
- *Instalações hidráulicas*: completas, com louça sanitária e metais comuns.

- *Instalações elétricas*: completas, com distribuição em circuitos independentes.
- *Esquadrias*: de madeira, ferro ou alumínio.

Padrão superior

Construções com um pavimento ou mais, pé-direito elevado e vãos de grandes proporções, com o uso de estruturas especiais metálicas, de concreto pré-moldado ou armado no local. Apresentam coberturas metálicas ou telhas pré-moldadas de concreto protendido e fachadas com tratamento arquitetônico, utilizando painéis de vidro, pintura a látex, revestimento cerâmico ou outros materiais. As áreas externas possuem tratamento paisagístico e pavimentação, tendo como dependências acessórias vagas de estacionamento, guarita, plataforma de carga e descarga, entre outras. Caracterizam-se pela aplicação de materiais de acabamentos especiais:

- *Pisos*: concreto estruturado e com revestimentos especiais nas áreas dos galpões; cerâmico, vinílico, carpete ou outros nas demais dependências.
- *Paredes*: pintura com tintas especiais ou acrílicas ou revestimento com resinas ou cerâmicas.
- *Instalações hidráulicas*: completas e de boa qualidade.
- *Instalações elétricas*: completas, com componente de boa qualidade, distribuídas em circuitos especialmente projetados, incluindo cabines de força; instalações suplementares para combate a incêndio, ar-condicionado central nas áreas administrativas, entre outros.
- *Esquadrias*: de madeira, ferro ou alumínio, geralmente obedecendo a projeto específico.

Classe 3: Especial

Cobertura

Padrão simples

Essas edificações apresentam cobertura de telhas de barro, metal ou fibrocimento apoiadas sobre peças simples de madeira ou de concreto pré-moldado em pequenos vãos; não possuem forro, nem fechamentos laterais. Dispõem de pisos em concreto, em geral com revestimentos simples. Podem utilizar, como apoio, muros ou paredes de outras edificações.

Padrão médio

Essas edificações apresentam cobertura de telhas de barro, fibrocimento, metal ou material equivalente envolvendo vãos médios, apoiada sobre estrutura de madeira, metal ou concreto pré-moldado; podem ou não possuir forro, mas não possuem fechamentos laterais. Dispõem de pisos em concreto, eventualmente estruturados em geral com revestimentos diversos. Podem utilizar, como apoio, muros ou paredes de outras edificações.

Padrão superior

Essas edificações apresentam cobertura metálica, de fibrocimento ou material equivalente de grandes vãos e pés-direitos elevados, apoiada sobre estrutura metálica ou de concreto pré-moldado; podem ou não possuir forro, mas não possuem fechamentos laterais. Dispõem de pisos em concreto, normalmente estruturados, podendo ter revestimentos diversos.

4.6.6 Tabela – Edificações – Valores de Venda – 2002 (Adequação)

A Tab. 4.3 exibe o estudo Edificações – Valores de Venda – 2002 (Adequação), elaborado pela Comissão de Peritos para o cálculo de construções.

Os coeficientes da tabela devem ser multiplicados por R8N, sendo:

Tab. 4.3 Edificações – Valores de Venda – 2002 (Adequação)

Classe	Grupo	Padrão		Intervalo de valores		
				Mínimo	Médio	Máximo
Residencial	Barraco	Padrão rústico		0,070	**0,105**	0,140
		Padrão simples		0,153	**0,181**	0,209
	Casa	Padrão rústico		0,419	**0,488**	0,558
		Padrão proletário		0,572	**0,670**	0,767
		Padrão econômico		0,781	**0,914**	1,046
		Padrão simples		1,060	**1,228**	1,395
		Padrão médio		1,409	**1,611**	1,814
		Padrão superior		1,827	**2,065**	2,302
		Padrão fino		2,316	**2,832**	3,348
		Padrão luxo		Acima de **3,348**		
	Apartamento	Padrão econômico		0,698	**0,942**	1,186
		Padrão simples	Sem elevador	1,200	**1,472**	1,744
			Com elevador	1,465	**1,709**	1,953
		Padrão médio	Sem elevador	1,758	**2,030**	2,302
			Com elevador	1,967	**2,239**	2,511
		Padrão superior	Sem elevador	2,316	**2,588**	2,860
			Com elevador	2,525	**2,797**	3,069
		Padrão fino		3,083	**3,584**	4,046
		Padrão luxo		Acima de **4,046**		

Tab. 4.3 (continuação)

Classe	Grupo	Padrão		Intervalo de valores		
				Mínimo	Médio	Máximo
Comercial – serviços/industrial	Escritório	Padrão econômico		0,698	**0,907**	1,116
		Padrão simples	Sem elevador	1,130	**1,402**	1,674
			Com elevador	1,395	**1,639**	1,883
		Padrão médio	Sem elevador	1,688	**1,925**	2,162
			Com elevador	1,897	**2,134**	2,372
		Padrão superior	Sem elevador	2,176	**2,378**	2,581
			Com elevador	2,385	**2,657**	2,930
		Padrão fino		2,943	**3,564**	4,165
		Padrão luxo		Acima de **4,165**		
	Galpão	Padrão econômico		0,279	**0,419**	0,558
		Padrão simples		0,572	**0,844**	1,116
		Padrão médio		1,130	**1,541**	1,953
		Padrão superior		Acima de **1,953**		
Especial	Cobertura	Padrão simples		0,070	**0,140**	0,209
		Padrão médio		0,223	**0,288**	0,349
		Padrão superior		0,363	**0,530**	0,698

R8N = base dos preços de construção do SindusCon;

R8 = habitação com oito pavimentos;

N = padrão normal.

Observação: R8N só tem oito pavimentos na tabela do SindusCon. Na tabela do Cajufa, ele é empregado em qualquer tipo de construção.

Deve-se observar que essa tabela precisa ser composta mensalmente, sempre que publicados os preços do sindicato, mantendo apenas os padrões básicos para cada tipo de construção e seus respectivos fatores multiplicativos.

Exemplo

Avaliar um edifício novo com 3.845,00 m^2 de área de projeto aprovado e 3.757,21 m^2 de área equivalente, com padrão normal, 12 pavimentos e apartamentos de três quartos.

a. Valor do terreno = R\$ 1.000.000,00

b. Valor da construção = 3.845,00 m^2 × 2,239 × R\$ 576,90/m^2 = R\$ 4.966.506,14

c. Valor total do edifício R\$ 5.966.506,14

Conforme se observa, nada foi acrescentado à soma de terreno mais construção, já que o terceiro componente se acha contido no preço unitário por metro quadrado de construção.

A área adotada é a área de projeto aprovado, e não a área equivalente; esta última é usada só nos custos SindusCon.

O padrão adotado foi o do médio comercial – limite superior, dado que os apartamentos normais, do tipo médio comercial, possuem um padrão um pouco mais elevado, podendo ser classificados no limite superior.

4.6.7 Exemplo de aplicação do método evolutivo

Suponha-se um terreno de 2.000,00 m^2 com valor de R$ 600,00/m^2. Nesse terreno será edificado um prédio de apartamentos ocupando 25% de sua área. Nessas condições pode-se construir até duas vezes a área do terreno, isto é, 4.000,00 m^2. Como consequência, a área do térreo será de 500,00 m^2, bem como a área dos andares-tipo. Para completar 4.000,00 m^2, teríamos 3.500,00 m^2, ou seja, sete andares-tipo de 500,00 m^2. Além disso, haveria como área não computável um subsolo de 2.000,00 m^2.

Para avaliar a construção, a NBR 12721 recomenda a adoção de tabelas elaboradas pelos sindicatos de construção civil do Estado. Na Tab. 4.4, apresentam-se tabelas do SindusCon/SP para abril de 1997.

Tab. 4.4 Tabelas do SindusCon/SP de preços de construção

Dois quartos			
Número de pavimentos	**Baixo**	**Normal**	**Alto**
1	550,45	632,36	709,80
4	397,03	476,48	589,76
8	391,98	471,26	581,04
12	381,05	462,26	571,15
Três quartos			
Número de pavimentos	**Baixo**	**Normal**	**Alto**
1	460,68	527,63	598,23
4	347,33	413,18	503,18
8	336,02	403,31	494,69
12	329,88	398,22	488,97

Essa tabela não contempla custos de projetos, despesas com estudos iniciais, sondagens do terreno, taxas, emolumentos, instalações especiais, fundações profundas e elevadores, que deverão ser acrescidos aos preços nela apresentados. Também não abrange o lucro da construtora, as taxas de administração da construção e os custos financeiros.

Outra característica da tabela é que ela deve ser aplicada à área equivalente de construção, isto é, ao somatório das áreas de cada pavimento devidamente ponderadas conforme o seu valor. Adotando as sugestões da NBR 12721 para ponderação de área, chega-se a:

Subsolo	=	2.000,00 m² × 0,5	=	1.000,00 m²
Térreo	=	500,00 m² × 1,0	=	500,00 m²
Andares-tipo	=	7 × 500,00 m² × 1,0	=	3.500,00 m²
Caixa-d'água	=	30,00 m² × 0,3	=	9,00 m²
Casa de máquinas	=	30,00 m² × 0,3	=	9,00 m²
Área equivalente				5.018,00 m²

Suponha-se que o prédio a ser construído tenha apartamentos de três quartos, com padrão normal. Utilizando o valor para oito pavimentos (térreo mais sete andares-tipo), o custo da construção será:

$$V_c = v_c \times A_e$$

em que:

v_c = valor unitário = R$ 403,31/m²;

A_e = área equivalente = 5.018,00 m²;

V_c = valor total.

Realizando as substituições, tem-se:

$$V_c = \text{R\$ } 403{,}31 \times 5.018{,}00 \text{ m}^2 = \text{R\$ } 2.023.809{,}58$$

A esse custo devem ser acrescidos:

Fundações especiais	4%	R$ 97.142,80
Elevadores	10%	R$ 242.857,15
Serviços especiais	6%	R$ 145.714,29
Custo total direto da construção		R$ 2.509.523,80

As porcentagens dos custos de fundações especiais (diferença entre o custo total de fundações diretas), elevadores e serviços especiais foram obtidas de um orçamento do seguinte tipo:

Serviços iniciais	2%	R$ 48.571,43
Instalação da obra	4%	R$ 97.142,86
Infraestrutura	5%	R$ 121.428,57
Estrutura	20%	R$ 485.714,30

Alvenaria	7%	R$ 170.000,00
Cobertura e imperm.	5%	R$ 121.428,57
Revestimento	12%	R$ 291.428,57
Pavimentação	5%	R$ 121.428,57
Esquadrias – madeira	4%	R$ 97.142,86
Esquadrias – metal	7%	R$ 170.000,00
Instalações hidráulicas	5%	R$ 121.428,57
Aparelhos sanitários	2%	R$ 48.571,44
Instalações elétricas	6%	R$ 145.714,28
Vidros	2%	R$ 48.571,44
Pintura	2%	R$ 48.571,44
Elevadores	10%	R$ 242.857,14
Limpeza	2%	R$ 48.571,44
Custo total direto da construção		R$ 2.428.571,48

Não há necessidade de obter o orçamento. O engenheiro avaliador deve ter mais ou menos essas porcentagens memorizadas.

De qualquer forma, chega-se ao custo total direto da construção ou através dos custos unitários da tabela de custos da construção (custo de reprodução), ou através do orçamento (custo de reposição). O único cuidado que se deve tomar é o de aplicar o custo unitário de construção à área equivalente e acrescentar os custos de fundações especiais, elevadores e serviços especiais, não inclusos na tabela.

Conforme mencionado, esse é o custo total *direto* da construção, que compreende apenas material e mão de obra. É necessário acrescentar ainda os custos indiretos, que constituem o chamado BDI, a saber:

Taxa de lucro da construtora

Essa taxa é limitada a 15% pela Caixa Econômica Federal, que é o agente financeiro tomado como padrão por ser atualmente o gestor do Sistema Financeiro da Habitação (SFH). Essa porcentagem é o teto, mas nada impede que o lucro seja arbitrado em porcentagens menores, dependendo do tipo de construção e da movimentação do mercado imobiliário.

Taxa de administração

Essa taxa é limitada a 10% pela Caixa Econômica Federal, podendo também descer a porcentagens inferiores nas mesmas circunstâncias.

Taxa financeira

Essa taxa é consequência do custo do capital construção. A construção pode ser feita com recursos próprios ou através de financiamento. A Caixa Econômica Federal cobra de 10% a 13% de juros ao ano nos financiamentos imobiliários mais usuais. Caso se utilize a taxa de 10% ao ano, juros simples, é preciso considerar que o capital construção não é aplicado de uma vez só no início da obra. Admite-se que no início da obra o capital seja de zero, e no fim, de 100% (Fig. 4.1).

Apenas para efeito de simplificação de cálculo, pode-se imaginar que o capital empregado na obra seja constante do início ao fim da obra, numa porcentagem média de 50% (Fig. 4.2). Dentro dessa simplificação, é possível estabelecer que o capital aplicado na construção seja constantemente igual a 50% do total e que, portanto, custe 5% ao ano. Em 18 meses, isto é, um ano e meio, esse capital rende juros de 7,5% (5% + 2,5%). Não se cogita correção monetária porque ela só incide sobre o capital dinheiro, o qual perde valor durante o tempo. Quando se empresta dinheiro a juros, uma parte corresponde ao rendimento real, os juros propriamente ditos, que remuneram o risco do capital empregado; a outra parte, a correção monetária, é para corrigir a desvalorização da moeda – para que o principal permaneça íntegro. No caso de capital construção, não cabe a correção monetária, posto que esse tipo de capital se corrige sozinho. O preço dos materiais e serviços tomado no dia da avaliação já está atualizado. Em conclusão, cada vez que se avalia a construção, tomam-se preços de materiais e serviços do dia, ou, melhor dizendo, do mês, já que a tabela de custos de construção do SindusCon/SP é publicada mensalmente.

Assim, o BDI resulta em:

$$BDI = 1{,}15 \times 1{,}10 \times 1{,}075 \cong 1{,}36$$

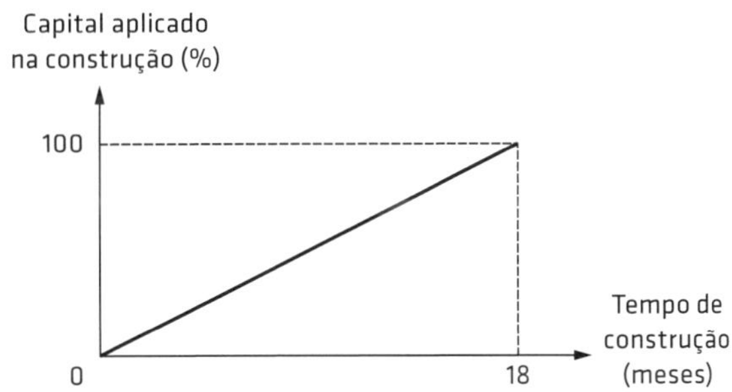

Fig. 4.1 *Gráfico do capital aplicado na construção ao longo do tempo da construção*

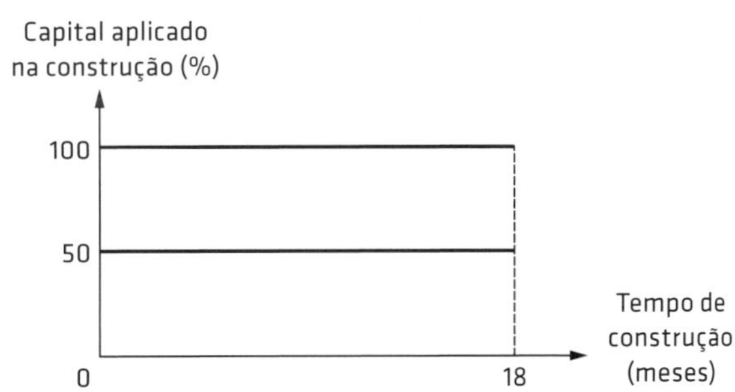

Fig. 4.2 *Gráfico de simplificação do capital aplicado na construção ao longo do tempo da construção*

Esses valores são multiplicados porque as taxas incidem uma sobre a outra. Acrescendo 36% de BDI, valor que reflete o teto máximo permitido, tem-se como custo total da construção:

$$\text{Custo total da construção} = 1{,}36 \times \text{R\$ } 2.428.571{,}48 = \text{R\$ } 3.302.857{,}21$$

Note-se que esse seria o valor máximo admitido para esse tipo de obra, considerando o mercado bastante ativo. Esses 36% tendem a diminuir conforme a natureza do empreendimento e a intensidade da atividade do mercado imobiliário.

O custo do terreno é de:

$$V_t = 2.000{,}00 \text{ m}^2 \times \text{R\$ } 600{,}00/\text{m}^2 = \text{R\$ } 1.200.000{,}00$$

O custo total do empreendimento é a soma do custo do terreno com o custo total da construção:

$$\text{Custo total do empreendimento} = \text{R\$ } 1.200.000{,}00 + \text{R\$ } 3.302.857{,}21 = \text{R\$ } 4.502.857{,}21$$

Para obter o valor de venda, deve-se acrescentar ao custo total do empreendimento os juros sobre o capital terreno, os juros sobre o capital construção e os custos administrativos e lucro do incorporador.

Juros sobre o capital terreno

O capital terreno é investido desde o início do empreendimento e permanece aplicado até a venda do imóvel. Estabelecendo um período médio de venda de seis meses, em que o capital continua empatado, haverá um prazo total de capital aplicado correspondente a 18 meses (prazo estabelecido pelo cronograma do empreendimento em tela) mais seis meses para a comercialização. Os juros para o capital terreno são estabelecidos em 6%, juros simples, que correspondem à aplicação em caderneta de poupança. Aqui também não se cogita correção monetária por razões análogas àquelas já indicadas quando se trata do capital construção: o capital terreno se corrige sozinho, pois, cada vez que uma avaliação é feita, tomam-se preços de terreno da data da avaliação. Os juros de 6% são os de menor risco da praça, visto que o capital terreno dificilmente perde valor.

Juros sobre o capital construção durante o período de comercialização

Nesse ponto, calculam-se os juros sobre o capital construção somente durante o período de comercialização, que é estimado em seis meses, uma vez que os juros incidentes sobre o período da obra já foram computados no BDI. Assumindo juros da ordem de 10% ao ano, em seis meses eles serão de apenas 5%.

Custos administrativos e lucro do incorporador

Essa parcela, na verdade, é recebida pelo incorporador no começo da incorporação, quando ele compra o terreno e o revende em frações ideais pelo dobro do preço para os adquirentes do imóvel. Na realidade, ele compra o terreno a prazo e o vende à vista ou, no máximo, em cinco parcelas. Seria possível dizer que o lucro do incorporador é enorme; entretanto, ele tem como ônus assegurar a continuidade do empreendimento até o seu término.

Como o terreno representa cerca de 20% do valor de venda, o lucro do incorporador, de 100% sobre o valor do terreno, pode ser estimado em 20% sobre o valor de venda.

Assim, ao serem somados ao custo total do empreendimento os juros sobre o capital terreno e os juros sobre o capital construção durante o período de comercialização, chega-se a 80% do valor de venda. Dividindo a soma por 0,80, obtém-se o valor de venda final:

Custo total do empreendimento = R$ 4.502.857,21

Cálculo dos juros sobre o capital terreno

6% ao ano multiplicados por 18 meses (prazo do cronograma) mais seis meses (período de comercialização), totalizando dois anos, isto é, 12%:

R$ 1.200.000,00 × 0,12 = R$ 144.000,00

Cálculo dos juros sobre o capital construção

10% ao ano multiplicados por seis meses (período de comercialização), ou seja, 5%:

R$ 3.302.857,21 × 0,05 = R$ 165.142,86

Procedendo à soma desses valores, tem-se:

R$ 4.502.857,21 + R$ 144.000,00 + R$ 165.142,86 = R$ 4.812.000,00

Dividindo-o por 0,80, tem-se o valor de venda:

Valor de venda = R$ 4.812.000,00/0,80 = R$ 6.015.000,00

Somente para verificação, o valor do terreno dividido pelo valor de venda representa:

R$ 1.200.000,00/R$ 6.015.000,00 = 0,20

Isto é, 20% do valor de venda.

O preço de cada apartamento é o valor de venda dividido por 28 apartamentos (sete pavimentos, quatro apartamentos por andar):

Preço do apartamento = R$ 6.015.000,00/28 = R$ 214.821,42

Esse preço é médio, variando conforme a situação dos pavimentos, mais baixo ou mais alto.

Conclusões e recomendações

Esse é o valor máximo que poderia alcançar cada unidade, com o mercado imobiliário ativo. Se essa condição não for atendida, será preciso abaixar o BDI e o lucro do incorporador até conseguir o equilíbrio com o mercado.

Para imóveis usados, além de ser aplicada a depreciação, que se recomenda que seja calculada pelo critério de Ross-Heidecke (ver Cap. 5), o qual leva em conta o estado de conservação do imóvel, dispensando o critério subjetivo de idade aparente, deve ser diminuído o BDI e o lucro do incorporador, dado que a rentabilidade futura diminui com o passar dos anos, com a diminuição da vida útil.

Quando o mercado for recessivo, imóveis poderão ser vendidos pelo custo e, às vezes, até abaixo dele, para desovar estoques e entrar num outro segmento de mercado com maiores possibilidades de venda. É o caso de imóveis financiados pelo Sistema Financeiro da Habitação, quando o financiamento é insuficiente. O empresário vende os imóveis com prejuízo para fazer dinheiro e ingressar no mercado com autofinanciamento.

Para imóveis no interior do Estado de São Paulo, recomenda-se a adoção da tabela da Pini de Custos de Edificação sem o BDI e sem os custos administrativos e o lucro do empresário, sempre que o mercado imobiliário for recessivo.

Para residências singulares, a metodologia é exatamente a mesma. Deve-se notar, no entanto, que não haverá fundações especiais como as dos edifícios de apartamentos, que os serviços especiais serão minimizados e que não haverá, obviamente, elevadores. De maneira geral, os prazos de construção serão menores, influindo nas taxas financeiras e administrativas, o que reduzirá o BDI, e o valor do terreno poderá atingir 35% do valor de venda do imóvel.

Cabe observar ainda que o método apresentado não é de autoria do signatário; tampouco pertence à Caixa Econômica Federal ou ao Sistema Financeiro da Habitação. Ele nada mais é do que a sequência de um empreendimento desde a aquisição do terreno até a venda do imóvel. A contribuição do autor é no sentido de explicar, de maneira simples, o porquê da adoção de 10% sobre o capital construção e de 6% sobre o valor do terreno, a inexistência de correção monetária sobre os capitais terreno e construção, que se autocorrigem, a adoção de 20% sobre o valor de venda a título de lucro do empresário e despesas durante o período de comercialização, e a esquematização do método, tornando-o mais acessível e compreensível ao profissional avaliador.

Tudo isso é fruto, como já mencionado, de 22 anos de experiência, de vivência na área e de profundas discussões com colegas em cursos, seminários e congressos.

Finalmente, chama-se a atenção para o fato de que o presente trabalho não é uma análise de investimentos e que a utilização de juros simples acompanha o processo desenvolvido pelo Sistema Financeiro da Habitação na sua avaliação pontual do imóvel. Este trabalho não tem como objetivo o estudo de taxas de retorno e outros custos de oportunidade, que seriam mais do interesse do empresário – que busca como resultado final o valor do imóvel na data da avaliação – do que do engenheiro. As taxas de remuneração do agente financeiro encontram-se diluídas nas despesas iniciais do empreendimento.

5 DEPRECIAÇÃO DE CONSTRUÇÕES

5.1 Conceito

Depreciação é a perda de valor sofrida por um bem, podendo ser de ordem física ou funcional.

A depreciação de ordem física é decorrente do desgaste nas partes constitutivas do bem. Esse desgaste pode ser resultado de avarias bruscas acidentais, como um automóvel atingido por um maremoto, ou de seu uso constante durante anos, provocando velhice material ou decrepitude.

Por sua vez, a depreciação de ordem funcional pode ser provocada, no caso de bens imóveis, por inadequação, superação ou anulação. A inadequação dá-se por falhas no projeto ou na execução, como uma casa em que é necessário atravessar um dormitório para chegar a outro. A superação é consequência do desenvolvimento de novas técnicas, do aparecimento de novos materiais, como azulejo em vez de estuque lúcido, massa corrida em vez de têmpera etc. Já a anulação é o resultado da inadaptabilidade para outros fins, como um armazém que, por restrições de zoneamento, não pode funcionar no local em que foi construído e não pode ser adaptado para servir de residência ou para qualquer outro uso conforme o permitido por lei. Medidas de proteção, conservação ou adaptação podem determinar o retardamento ou a diminuição dos efeitos de depreciação; nunca, porém, os elimina.

A depreciação é fator importante na avaliação de um imóvel, pois, na classificação do padrão construtivo, leva-se em conta a época em que foi construído. Uma casa construída há 50 anos, de características finas na época, não pode ter o mesmo valor de mercado de uma casa fina nova. Entretanto, o preço unitário a ser atribuído pode até ser o mesmo. Se é verdade que uma casa fina moderna pode possuir equipamentos caríssimos, que não existiam há 50 anos (sistemas de pressurização de água, sistema de ar condicionado central, modernos sistemas eletrônicos de alarme), também é verdade que casas finas antigas podem ser revestidas de material de luxo importado ou de detalhes artesanais cujos preços hoje são proibitivos, mas que fizeram o deleite de uma sociedade em determinada época, conferindo-lhe certo *status* social, e que hoje se tornaram por vezes ridículos e fora de moda.

Tudo isso deve ser medido e ponderado, e a depreciação determinará o preço final, levando em conta o obsoletismo funcional e o desgaste físico.

5.2 Cálculo pelo método de Ross-Heidecke

Existem inúmeros métodos para calcular a depreciação física e funcional das construções. O mais usado é o método de Ross-Heidecke.

O critério especificado a seguir é uma adequação do método de Ross-Heidecke que leva em conta o obsoletismo, o tipo de construção e de acabamento e o estado de conservação da edificação ao determinar seu valor de venda.

O valor unitário da edificação avaliada, fixado em função do padrão construtivo, é multiplicado pelo fator de adequação ao obsoletismo e ao estado de conservação (F_{OC}), para levar em conta a depreciação.

O fator F_{OC} é determinado pela expressão:

$$F_{OC} = R + K \cdot (1 - R)$$

em que:

R = coeficiente residual correspondente ao padrão, expresso em decimal, obtido na Tab. 5.1;

K = coeficiente de Ross-Heidecke, encontrado na Tab. 5.2.

Na Tab. 5.2, obtém-se o coeficiente K mediante dupla entrada:

- ◇ na linha, entra-se com o número da relação percentual entre a idade da edificação na época de sua avaliação (I_e) e a vida referencial relativa ao padrão dessa construção (I_r);
- ◇ na coluna, utiliza-se a letra correspondente ao estado de conservação da edificação, fixado segundo as faixas especificadas no Quadro 5.1.

Tab. 5.1 Vida referencial (I_r) e valor residual (R) estimados para os padrões especificados nesse estudo

Classe	Tipo	Padrão	Vida referencial I_r (anos)	Valor residual R (%)
Residencial	Barraco	Rústico	5	0
		Simples	10	0
	Casa	Rústico	60	20
		Proletário	60	20
		Econômico	70	20
		Simples	70	20
		Médio	70	20
		Superior	70	20
		Fino	60	20
		Luxo	60	20
	Apartamento	Econômico	60	20
		Simples	60	20
		Médio	60	20
		Superior	60	20
		Fino	50	20
		Luxo	50	20
Comercial – serviços/industrial	Escritório	Econômico	70	20
		Simples	70	20
		Médio	60	20
		Superior	60	20
		Fino	50	20
		Luxo	50	20
	Galpão	Econômico	60	20
		Simples	60	20
		Médio	80	20
		Superior	80	20
Especial	Cobertura	Simples	20	10
		Médio	20	10
		Superior	30	10

Tab. 5.2 Valores do coeficiente de Ross-Heidecke (K)

Idade em % da vida referencial	Estado de conservação							
	a	b	c	d	e	f	g	h
2	**0,990**	**0,987**	**0,965**	**0,910**	**0,811**	**0,661**	**0,469**	**0,245**
4	**0,979**	**0,976**	**0,955**	**0,900**	**0,802**	**0,654**	**0,464**	**0,243**
6	**0,968**	**0,965**	**0,944**	**0,890**	**0,793**	**0,647**	**0,459**	**0,240**
8	**0,957**	**0,954**	**0,933**	**0,879**	**0,784**	**0,639**	**0,454**	**0,237**
10	**0,945**	**0,942**	**0,921**	**0,869**	**0,774**	**0,631**	**0,448**	**0,234**
12	**0,933**	**0,930**	**0,909**	**0,857**	**0,764**	**0,623**	**0,442**	**0,231**
14	**0,920**	**0,917**	**0,897**	**0,846**	**0,754**	**0,615**	**0,436**	**0,228**
16	**0,907**	**0,904**	**0,884**	**0,834**	**0,743**	**0,606**	**0,430**	**0,225**
18	**0,894**	**0,891**	**0,871**	**0,821**	**0,732**	**0,597**	**0,424**	**0,222**

Tab. 5.2 (continuação)

Idade em % da vida referencial	Estado de conservação							
	a	b	c	d	e	f	g	h
20	**0,880**	**0,877**	**0,858**	**0,809**	**0,721**	**0,588**	**0,417**	**0,218**
22	**0,866**	**0,863**	**0,844**	**0,796**	**0,709**	**0,578**	**0,410**	**0,215**
24	**0,851**	**0,848**	**0,830**	**0,782**	**0,697**	**0,569**	**0,403**	**0,211**
26	**0,836**	**0,834**	**0,815**	**0,769**	**0,685**	**0,559**	**0,396**	**0,207**
28	**0,821**	**0,818**	**0,800**	**0,754**	**0,672**	**0,548**	**0,389**	**0,204**
30	**0,805**	**0,802**	**0,785**	**0,740**	**0,659**	**0,538**	**0,382**	**0,200**
32	**0,789**	**0,786**	**0,769**	**0,725**	**0,646**	**0,527**	**0,374**	0,196
34	**0,772**	**0,770**	**0,753**	**0,710**	**0,632**	**0,516**	**0,366**	0,192
36	**0,755**	**0,753**	**0,736**	**0,694**	**0,619**	**0,504**	**0,358**	0,187
38	**0,738**	**0,735**	**0,719**	**0,678**	**0,604**	**0,493**	**0,350**	0,183
40	**0,720**	**0,718**	**0,702**	**0,662**	**0,590**	**0,481**	**0,341**	0,179
42	**0,702**	**0,700**	**0,684**	**0,645**	**0,575**	**0,469**	**0,333**	0,174
44	**0,683**	**0,681**	**0,666**	**0,628**	**0,560**	**0,456**	**0,324**	0,169
46	**0,664**	**0,662**	**0,647**	**0,610**	**0,544**	**0,444**	**0,315**	0,165
48	**0,645**	**0,643**	**0,629**	**0,593**	**0,528**	**0,431**	**0,306**	0,160
50	**0,625**	**0,623**	**0,609**	**0,574**	**0,512**	**0,418**	**0,296**	0,155
52	**0,605**	**0,603**	**0,590**	**0,556**	**0,495**	**0,404**	**0,287**	0,150
54	**0,584**	**0,582**	**0,569**	**0,537**	**0,478**	**0,390**	**0,277**	0,145
56	**0,563**	**0,561**	**0,549**	**0,518**	**0,461**	**0,376**	**0,267**	0,140
58	**0,542**	**0,540**	**0,528**	**0,498**	**0,444**	**0,362**	**0,257**	0,134
60	**0,520**	**0,518**	**0,507**	**0,478**	**0,426**	**0,347**	**0,246**	0,129
62	**0,498**	**0,496**	**0,485**	**0,458**	**0,408**	**0,333**	**0,236**	0,123
64	**0,475**	**0,474**	**0,463**	**0,437**	**0,389**	**0,317**	**0,225**	0,118
66	**0,452**	**0,451**	**0,441**	**0,416**	**0,370**	**0,302**	**0,214**	0,112
68	**0,429**	**0,427**	**0,418**	**0,394**	**0,351**	**0,286**	**0,203**	0,106
70	**0,405**	**0,404**	**0,395**	**0,372**	**0,332**	**0,271**	0,192	0,100
72	**0,381**	**0,380**	**0,371**	**0,350**	**0,312**	**0,254**	0,180	0,094
74	**0,356**	**0,355**	**0,347**	**0,327**	**0,292**	**0,238**	0,169	0,088
76	**0,331**	**0,330**	**0,323**	**0,304**	**0,271**	**0,221**	0,157	0,082
78	**0,306**	**0,305**	**0,298**	**0,281**	**0,250**	**0,204**	0,145	0,076
80	**0,280**	**0,279**	**0,273**	**0,257**	**0,229**	0,187	0,133	0,069
82	**0,254**	**0,253**	**0,247**	**0,233**	**0,208**	0,170	0,120	0,063
84	**0,227**	**0,226**	**0,221**	**0,209**	0,186	0,152	0,108	0,056
86	**0,200**	**0,200**	0,195	0,184	0,164	0,134	0,095	0,050
88	0,173	0,172	0,168	0,159	0,142	0,115	0,082	0,043
90	0,145	0,145	0,141	0,133	0,119	0,097	0,069	0,036
92	0,117	0,116	0,114	0,107	0,096	0,078	0,055	0,029
94	0,088	0,088	0,086	0,081	0,072	0,059	0,042	0,022
96	0,059	0,059	0,058	0,054	0,048	0,040	0,028	0,015
98	0,030	0,030	0,029	0,027	0,024	0,020	0,014	0,007
100	0,000	0,000	0,000	0,000	0,000	0,000	0,000	0,000

A idade da edificação na época de sua avaliação (I_e) é aquela estimada em razão do obsoletismo da construção avaliada, quando deverá ser ponderada a arquitetura, a funcionalidade e as características dos materiais empregados nos revestimentos. Essa idade não pode ser superior à sua idade real, e o estado de conservação, alerta-se, não deve ser considerado na sua fixação.

O estado de conservação deve ser fixado a partir das constatações em uma vistoria que deverá observar o estado aparente em que se encontram os sistemas estrutural, de cobertura, hidráulico e elétrico, bem como as paredes, os pisos e os forros, inclusive seus revestimentos, pesando seus custos para a recuperação total. O Quadro 5.1 apresenta a classificação desses estados de conservação.

Quadro 5.1 Classificação do estado de conservação da edificação segundo Heidecke

Ref.	Estado da edificação	Deprecia-ção (%)	Características
a	Nova	0,00	Edificação nova ou com reforma geral e substancial, com menos de dois anos, que apresenta apenas sinais de desgaste natural da pintura externa
b	Entre nova e regular	0,32	Edificação nova ou com reforma geral e substancial, com menos de dois anos, que precisa apenas de uma demão leve de pintura para recompor sua aparência
c	Regular	2,52	Edificação seminova ou com reforma geral e substancial, entre dois e cinco anos, cujo estado geral pode ser recuperado apenas com reparos de eventuais fissuras superficiais localizadas e/ou pintura interna e externa
d	Entre regular e necessitando de reparos simples	8,09	Edificação seminova ou com reforma geral e substancial, entre dois e cinco anos, cujo estado geral pode ser recuperado com reparos de fissuras e trincas localizadas e superficiais e pintura interna e externa
e	Necessitando de reparos simples	18,10	Edificação cujo estado geral pode ser recuperado com pintura interna e externa, após reparos de fissuras e trincas superficiais generalizadas, sem recuperação do sistema estrutural. Eventualmente, revisão dos sistemas hidráulico e elétrico
f	Necessitando de reparos simples a importantes	33,20	Edificação cujo estado geral pode ser recuperado com pintura interna e externa, após reparos de fissuras e trincas, e com estabilização e/ou recuperação localizada do sistema estrutural. As instalações hidráulicas e elétricas podem ser restauradas mediante revisão e com substituição eventual de algumas peças desgastadas naturalmente. Pode ser necessário, eventualmente, substituir os revestimentos de pisos e paredes de um cômodo ou de outro. Revisão da impermeabilização ou substituição de telhas da cobertura

Quadro 5.1 (continuação)

Ref.	Estado da edificação	Deprecia-ção (%)	Características
g	Necessitando de reparos importantes	52,60	Edificação cujo estado geral pode ser recuperado com pintura interna e externa, com substituição de panos de regularização da alvenaria, reparos de fissuras e trincas, com estabilização e/ou recuperação de grande parte do sistema estrutural. As instalações hidráulicas e elétricas podem ser restauradas mediante a substituição das peças aparentes. A substituição dos revestimentos de pisos e paredes da maioria dos cômodos se faz necessária. Substituição ou reparos importantes na impermeabilização ou no telhado
h	Necessitando de reparos importantes a edificação sem valor	75,20	Edificação cujo estado geral pode ser recuperado com estabilização e/ou recuperação do sistema estrutural, substituição da regularização da alvenaria, reparos de fissuras e trincas. Substituição das instalações hidráulicas e elétricas e dos revestimentos de pisos e paredes. Substituição da impermeabilização ou do telhado
i	Sem valor	100,00	Edificação em estado de ruína

Nota: As características relativas aos estados de conservação devem ser tomadas como referência geral, cabendo ao avaliador a ponderação das observações colhidas em vistoria.

5.3 Recomendações

As especificações adotadas refletem as características de maior incidência em cada tipo e as tendências atuais do mercado, notadamente aquelas relativas à arquitetura, aos acabamentos e aos equipamentos, sendo recomendado que, nas avaliações de construções antigas, sejam levadas em conta características originais da época para efeito de enquadramento nos padrões desse estudo.

Para enquadramento nos padrões referendados nesse estudo, é necessário observar o conjunto das especificações considerando a distribuição interna, a qualidade dos acabamentos e da mão de obra empregados, o tipo de edificação em relação a seu entorno e a proporção adequada da área construída em relação à superfície do terreno que ocupa.

Para as edificações enquadradas nos grupos de apartamentos e escritórios, é recomendável o uso do método comparativo, com os parâmetros definidos e fixados nesse estudo servindo como referencial nas homogeneizações.

Os valores unitários de lojas devem ser obtidos preferencialmente pelo uso do método comparativo direto, podendo, em casos excepcionais, ser obtidos em função do enquadramento no padrão construtivo da edificação que a contenha ou em outros padrões previstos nesse estudo.

Para as residências, os apartamentos ou os escritórios enquadráveis no padrão luxo, ou galpões no padrão superior, a avaliação deve ser procedida, preferencialmente, mediante orçamento específico.

As garagens acessórias das residências poderão ser avaliadas pelo mesmo valor atribuído ao corpo da edificação que integram, desde que possuam as mesmas características. Quando destacadas e/ou possuindo características diferentes, o valor atribuído será aquele específico para seu padrão.

Os pisos especiais – caracterizados, sob o ponto de vista da resistência, como de alta resistência à abrasão ou à ação química, entre outros, e, sob o ponto de vista estrutural, como capazes de suportar grandes cargas ou impactos –, presenciados em galpões, em coberturas especiais ou até mesmo em partes do terreno não abrangido por edificações, deverão ser avaliados à parte.

Para a avaliação das coberturas acessórias às construções residenciais, considerar os valores previstos no grupo "coberturas" (seção 4.6.5) desse estudo.

Em razão da sistemática adotada para esse estudo, o fator de oferta, quando aplicado para a determinação do valor residual do terreno em comparativos compostos de terreno com construção, deve ser aplicado sobre o valor global da oferta, e não apenas sobre a parcela terreno.

Conforme a Tab. 5.2, o mesmo edifício do exemplo anterior teria seu valor unitário calculado da seguinte maneira:

Idade em % de vida = 20 anos (idade real)/60 anos (vida útil previsível) = 0,3333

Entrando nessa tabela, na linha de idade em % de vida = 34%, na coluna c, regular, tem-se $K = 0{,}753$.

O fator F_{oc} é determinado pela expressão:

$$F_{oc} = R + K \cdot (1 - R)$$

em que:

R = coeficiente residual correspondente ao padrão expresso em decimal obtido na Tab. 5.1;

K = coeficiente de Ross-Heidecke, encontrado na Tab. 5.2 = 0,753.

Realizando as substituições, têm-se:

$$F_{oc} = 0{,}20 + 0{,}753\ (1 - 0{,}20) = 0{,}80$$
$$V_c = 2{,}239 \times \text{R\$ } 576{,}90/\text{m}^2 \times 0{,}80 = \text{R\$ } 1.033{,}34$$

em que:

V_c = valor da construção.

5.4 Recomendações finais

Não se pretende alongar mais na exposição de métodos para o cálculo da depreciação, visto que o apresentado é o mais utilizado. No entanto, não seria supérfluo insistir no fato de que cada imóvel é um caso específico a ser estudado e que o uso de fórmulas e tabelas serve apenas como instrumento auxiliar do profissional especializado no assunto, cuja formação técnica e bom senso serão decisivos para determinar qual o melhor critério a ser adotado para cada caso.

6 MÉTODO COMPARATIVO DIRETO

Método comparativo direto é aquele em que o valor do imóvel ou de suas partes construtivas é obtido mediante comparação de dados de mercado relativos a outros bens de características similares, por tratamento técnico de seus atributos.

Esse método se presta, sobretudo, à avaliação de terrenos, nos quais os atributos podem ser tratados diretamente, a fim de homogeneizá-los e torná-los comparáveis. Entre os atributos de um terreno que influem no seu valor, destacam-se:

- condições de pagamento (à vista ou a prazo);
- elasticidade de valor da oferta (fator de fonte);
- profundidade equivalente (fator de profundidade);
- frente (fator de frente);
- localização (fator de transposição);
- data da oferta ou da transação (fator de atualização).

Entretanto, esse método pode também ser aplicado no cálculo do valor de unidades padronizadas (como no caso de apartamentos e escritórios), podendo até, em alguns casos, ser aplicado em unidades não padronizadas.

No caso de unidades padronizadas, é preciso saber primeiramente qual a incidência do valor do terreno no valor do imóvel.

Admitindo-se que essas unidades (apartamentos e escritórios) estejam situadas em locais onde não há diferença de rentabilidade entre os pavimentos térreo e superiores e que as construções analisadas ocupem adequadamente a área do terreno, parte-se das seguintes premissas:

1. Os cálculos são conduzidos pelo valor do metro quadrado médio de área útil da unidade.
2. O valor total do imóvel se decompõe em parcelas básicas: quota no valor do terreno, custo da construção e vantagem da coisa feita. Como o objetivo é a comparação direta dos preços de venda, não há razão para levar em conta a terceira parcela, considerando-se apenas a participação do valor da quota-parte do terreno e do custo da construção.
3. Além da área, influem no resultado do valor total desses imóveis a localização do edifício, seu padrão construtivo e a idade.
4. A localização incide no valor da quota de terreno; o padrão construtivo e a idade influem no valor da quota de construção.

O problema é estabelecer as quotas relativas ao terreno e às construções que compõem o valor unitário global de venda da unidade em termos de percentagens de participação na composição do valor de venda unitário da unidade.

Como o valor de venda de cada metro quadrado de construção está agregado a uma cota de terreno e como a distribuição do valor do terreno total pela área construída se dá em função do coeficiente de aproveitamento legal (C_a), a quota-parte de terreno será dada pela relação:

$$q_t = V_u / C_a$$

em que:

q_t = quota, em reais por metro quadrado, de participação do terreno na composição do custo médio da unidade em avaliação;

V_u = valor unitário de terreno local, advindo de pesquisa na região;

C_a = coeficiente de aproveitamento legal para o terreno.

A quota de construção corresponderá ao custo médio unitário da edificação encontrado em tabelas e publicações especializadas para o padrão do imóvel, multiplicado pelo fator de obsoletismo referente à idade do imóvel e seu estado de conservação:

$$q_c = V_{uc} \cdot F_{oc}$$

em que:

q_c = quota, em reais por metro quadrado, de participação da construção na composição do custo médio da unidade em avaliação;

V_{uc} = custo unitário da construção;

F_{oc} = coeficiente de obsoletismo.

Com as quotas de terreno e construção, pode-se calcular as parcelas com que, percentualmente, esses capitais entram na composição do custo médio do tipo de unidade sob avaliação.

$$P_t = q_t/(q_t + q_c)$$

$$P_c = q_c/(q_t + q_c)$$

em que:

P_t = parcela terreno;

P_c = parcela construção.

Considere-se o seguinte imóvel:

- *Local*: Rua Maria Paula, 122, cj. 104/106.
- Setor 05, Quadra 17, IF 688,59.
- *Imóvel*: escritório de padrão médio (limite médio: 2,134 – Tab. 4.3).
- *Área*: 233,30 m².
- *Idade*: 35 anos (0,528 – Ross-Heidecke).
- *Estado de conservação*: regular.

Aplicando-se as fórmulas referidas:

$$q_t = V_u/C_a$$

em que:

V_u = R\$ 1.000,00/m²;

C_a = 3,5.

Portanto:

$$q_t = \text{R\$ } 1.000{,}00/\text{m}^2/3{,}5 = \text{R\$ } 285{,}71/\text{m}^2$$

$$q_c = V_{uc} \cdot K_d$$

em que:

V_{uc} = R\$ 578,38/m²;

$K_d = 0{,}528 \Rightarrow F_{oc} = 0{,}528 \times 0{,}80 + 0{,}20 = 0{,}62$.

Portanto:

$$q_c = \text{R\$ } 578{,}38/\text{m}^2 \times 0{,}62 = \text{R\$ } 358{,}59/\text{m}^2$$

Portanto:

$$P_t = \text{R\$ } 285{,}71/(\text{R\$ } 285{,}71 + \text{R\$ } 358{,}59) = \sim 44\%$$
$$P_c = \text{R\$ } 358{,}59/(\text{R\$ } 285{,}71 + \text{R\$ } 358{,}59) = \sim 56\%$$

Para avaliar esse imóvel, procedeu-se da maneira indicada a seguir.

6.1 Pesquisa de valores – coleta de dados

6.1.1 Elemento nº 1

- *Local*: Rua Maria Paula, 122.
- Setor 05, Quadra 17, IF 688,59.
- *Imóvel*: escritório de padrão médio (limite médio: 2,134 – Tab. 4.3).
- *Área*: 100,00 m² (útil).
- *Idade*: 35 anos (0,62 – Ross-Heidecke).
- *Estado de conservação*: regular.
- *Preço*: R$ 100.000,00 à vista.

Cálculos:

$$q_1 = [\text{R\$ } 100.000{,}00 \times 0{,}9\ ((0{,}44 \times 688{,}59/688{,}59) + (0{,}56 \times 0{,}62/0{,}62 \times 2{,}134/2{,}134))]/100{,}00 \text{ m}^2$$
$$q_1 = \text{R\$ } 900{,}00/\text{m}^2$$

6.1.2 Elemento nº 2

- *Local*: Rua Maria Paula, 88.
- Setor 05, Quadra 17, IF 688,59.
- *Imóvel*: escritório de padrão médio (limite inferior: 1,897 – Tab. 4.3).
- *Área*: 220,00 m² (útil).
- *Idade*: 30 anos (0,68 – Ross-Heidecke).
- *Estado de conservação*: regular.
- *Preço*: R$ 200.000,00 à vista.

Cálculos:

$$q_2 = [\text{R\$ } 200.000{,}00 \times 0{,}9\ ((0{,}44 \times 688{,}59/688{,}59) + (0{,}56 \times 0{,}62/0{,}68 \times 2{,}134/1{,}897))]/220{,}00 \text{ m}^2$$
$$q_2 = \text{R\$ } 829{,}97/\text{m}^2$$

6.1.3 Elemento nº 3

- *Local*: Rua Santo Amaro.
- Setor 05, Quadra 17, IF 688,59.
- *Imóvel*: escritório de padrão médio (limite médio: 2,134 – Tab. 4.3).
- *Área*: 100,00 m² (útil).
- *Idade*: 30 anos (0,68 – Ross-Heidecke).
- *Estado de conservação*: regular.
- *Preço*: R$ 100.000,00 à vista.

Cálculos:

$$q_3 = [\text{R\$ } 100.000{,}00 \times 0{,}9\ ((0{,}44 \times 688{,}59/688{,}59) + (0{,}56 \times 0{,}62/0{,}68 \times 2{,}134/2{,}134))]/100{,}00\ \text{m}^2$$

$$q_3 = \text{R\$ } 855{,}52/\text{m}^2$$

6.1.4 Elemento nº 4

- *Local*: Rua Maria Paula, 62.
- Setor 05, Quadra 17, IF 688,59.
- *Imóvel*: escritório de padrão médio (limite inferior: 1,897 – Tab. 4.3).
- *Área*: 140,00 m² (útil).
- *Idade*: 30 anos (0,68 – Ross-Heidecke).
- *Estado de conservação*: regular.
- *Preço*: R$ 120.000,00 à vista.

Cálculos:

$$q_4 = [\text{R\$ } 120.000{,}00 \times 0{,}9\ ((0{,}44 \times 688{,}59/688{,}59) + (0{,}56 \times 0{,}62/0{,}68 \times 2{,}134/1{,}897))]/140{,}00\ \text{m}^2$$

$$q_4 = \text{R\$ } 782{,}54/\text{m}^2$$

6.1.5 Elemento nº 5

- *Local*: Rua Maria Paula, 122 – 6º andar.
- Setor 05, Quadra 17, IF 688,59.
- *Imóvel*: escritório de padrão médio (limite médio: 2,134 – Tab. 4.3).
- *Área*: 152,00 m² (útil).
- *Idade*: 35 anos (0,62 – Ross-Heidecke).
- *Estado de conservação*: regular.
- *Preço*: R$ 100.000,00 (vendido).

Cálculos:

$$q_5 = [\text{R\$ }100.000{,}00 \times 1{,}00\,((0{,}44 \times 688{,}59/688{,}59) + (0{,}56 \times 0{,}62/0{,}62 \times 2{,}134/2{,}134))]/152{,}00\text{ m}^2$$

$$q_5 = \text{R\$ }657{,}89/\text{m}^2$$

6.2 Resumo e análise dos elementos coletados

A Tab. 6.1 mostra um resumo desses elementos.

Tab. 6.1 Resumo dos elementos coletados

Elemento nº	R$/m²
1	900,00
2	829,97
3	855,52
4	782,54
5	657,89
Total	**4.025,88**

$$\text{Média aritmética} = 4.025{,}88/5 = \text{R\$ }805{,}17/\text{m}^2$$

$$\text{Limite superior} = 805{,}17 \times 1{,}30 = \text{R\$ }1.046{,}72/\text{m}^2$$

$$\text{Limite inferior} = 805{,}17 \times 0{,}70 = \text{R\$ }563{,}61/\text{m}^2$$

Estando todos os elementos dentro dos limites prescritos, a média saneada coincide com a média aritmética, e o valor unitário é de R$ 805,17/m².

6.2.1 Avaliação do imóvel

$$V = \text{R\$ }805{,}17/\text{m}^2 \times 233{,}30\text{ m}^2 = \text{R\$ }187.846{,}00$$

Observações:

1. As fórmulas utilizadas foram apresentadas pelo Eng. Milton Candeloro em seu livro *Avaliação de aluguéis* (Candeloro, 1991) e retiradas da apostila do curso básico de avaliações de imóveis urbanos – Ibape/SP (2011), coordenada pelo Eng. Nelson Nor. O Eng. Joaquim da Rocha Medeiros Jr. já havia utilizado essas fórmulas anteriormente, tendo sido seu idealizador.
2. O percentual de terreno, que foi considerado em 20% do valor de venda no método evolutivo, atinge aqui um percentual de 44% porque o terreno no centro da cidade tem preço mais elevado e a construção apresenta-se com mais da metade de sua vida útil.

Método comparativo direto para avaliação de casas da arquiteta Maria Lúcia Garrobo Pinto

Elemento nº 1

Local: Rua Toutinegra | *Cidade:* São Paulo

Setor/quadra: 059 – 033

Fonte: imobiliária

Informante: corretor

Oferta: R$ 325.000,00 | *Data:* maio de 2015

Área construída: 61,00 m² | *Idade:* 1 ano

Observação: casa de padrão médio

Obsolescência: 0,974 (c) | *Padrão:* 1,814

Elementos de cálculo para homogeneização

- Fator de elasticidade: 0,900.
- Coeficiente de frente: 1,000.
- Coeficiente de profundidade: 1,000.
- Fator de transposição: 1,000.
- Fator de obsolescência: 0,950/0,974 = 0,975.

$$V_{U_1} = \frac{(\text{R\$ } 325.000{,}00 \times 0{,}9)}{61{,}00 \text{ m}^2} \times 0{,}975$$

$$V_{U_1} = \text{R\$ } 4.675{,}00/\text{m}^2$$

Elemento nº 2

Local: Rua Vera | *Cidade:* São Paulo

Setor/quadra: 059 – 044

Fonte: imobiliária

Informante: corretor

Oferta: R$ 350.000,00 — *Data*: maio de 2015

Área construída: 80,00 m² — *Idade*: 2 anos

Observação: casa de padrão médio

Obsolescência: 0,968 (c) — *Padrão*: 1,814

Elementos de cálculo para homogeneização

- Fator de elasticidade: 0,900.
- Coeficiente de frente: 1,000.
- Coeficiente de profundidade: 1,000.
- Fator de transposição: 1,000.
- Fator de obsolescência: 0,950/0,968 = 0,981.

$$V_{U_2} = \frac{(R\$\ 350.000,00 \times 0,9)}{80,00\ m^2} \times 0,981$$

$$V_{U_2} = R\$\ 3.863,00/m^2$$

Elemento nº 3

Local: Rua Mercedes Lopes — *Cidade*: São Paulo

Setor/quadra: 060 – 274

Fonte: imobiliária

Informante: corretor

Oferta: R$ 290.000,00 — *Data*: maio de 2015

Área construída: 64,00 m² — *Idade*: 2 anos

Observação: casa de padrão médio

Obsolescência: 0,968 (c) — *Padrão*: 1,814

Elementos de cálculo para homogeneização

- Fator de elasticidade: 0,900.
- Coeficiente de frente: 1,000.

- Coeficiente de profundidade: 1,000.
- Fator de transposição: 1,000.
- Fator de obsolescência: 0,950/0,968 = 0,981.

$$V_{U_3} = \frac{(R\$\ 290.000,00 \times 0,9)}{64,00\ m^2} \times 0,981$$

$$V_{U_3} = R\$\ 4.000,00/m^2$$

Elemento nº 4

Local: Rua Conceição Pereira — *Cidade*: São Paulo

Setor/quadra: 061 – 148

Fonte: imobiliária

Informante: corretor

Oferta: R$ 290.000,00 — *Data*: maio de 2015

Área construída: 62,00 m² — *Idade*: 2 anos

Observação: casa de padrão médio

Obsolescência: 0,968 (c) — *Padrão*: 1,814

Elementos de cálculo para homogeneização

- Fator de elasticidade: 0,900.
- Coeficiente de frente: 1,000.
- Coeficiente de profundidade: 1,000.
- Fator de transposição: 1,000.
- Fator de obsolescência: 0,950/0,968 = 0,981.

$$V_{U_4} = \frac{(R\$\ 290.000,00 \times 0,9)}{62,00\ m^2} \times 0,981$$

$$V_{U_4} = R\$\ 4.130,00/m^2$$

Elemento nº 5

Local: Rua Umbó *Cidade*: São Paulo

Setor/quadra: 061 – 072

Fonte: imobiliária

Informante: corretor

Oferta: R$ 265.000,00 *Data*: maio de 2015

Área construída: 60,00 m² *Idade*: 2 anos

Observação: casa de padrão médio

Obsolescência: 0,968 (c) *Padrão*: 1,814

Elementos de cálculo para homogeneização

- Fator de elasticidade: 0,900.
- Coeficiente de frente: 1,000.
- Coeficiente de profundidade: 1,000.
- Fator de transposição: 1,000.
- Fator de obsolescência: 0,950/0,968 = 0,981.

$$V_{U_5} = \frac{(R\$\ 265.000,00 \times 0,9)}{60,00\ m^2} \times 0,981$$

$$V_{U_5} = R\$\ 3.899,00/m^2$$

Elemento nº 6

Local: Rua Major Angelo Zanchi *Cidade*: São Paulo

Setor/quadra: 061 – 141

Fonte: imobiliária

Informante: corretor

Oferta: R$ 399.000,00 *Data*: maio de 2015

Área construída: 100,00 m² *Idade*: 3 anos

Observação: casa de padrão médio

Obsolescência: 0,962 (c) *Padrão*: 1,814

Elementos de cálculo para homogeneização

- Fator de elasticidade: 0,900.
- Coeficiente de frente: 1,000.
- Coeficiente de profundidade: 1,000.
- Fator de transposição: 1,000.
- Fator de obsolescência: 0,950/0,962 = 0,988.

$$V_{U_6} = \frac{(\text{R\$ } 399.000,00 \times 0,9)}{100,00 \text{ m}^2} \times 0,988$$

$$V_{U_6} = \text{R\$ } 3.548,00/\text{m}^2$$

Elemento nº 7

Local: Rua Major Angelo Zanchi *Cidade*: São Paulo

Setor/quadra: 061 – 141

Fonte: imobiliária

Informante: corretor

Oferta: R$ 450.000,00 *Data*: maio de 2015

Área construída: 100,00 m² *Idade*: 3 anos

Observação: casa de padrão médio

Obsolescência: 0,962 (c) *Padrão*: 1,814

Elementos de cálculo para homogeneização

- Fator de elasticidade: 0,900.
- Coeficiente de frente: 1,000.
- Coeficiente de profundidade: 1,000.
- Fator de transposição: 1,000.
- Fator de obsolescência: 0,950/0,962 = 0,988.

$$V_{U_7} = \frac{(\text{R\$ } 450.000,00 \times 0,9)}{100,00 \text{ m}^2} \times 0,988$$

$$V_{U_7} = \text{R\$ } 4.001,00/\text{m}^2$$

Elemento nº 8

Local: Rua Henrique Sousa Queirós | *Cidade*: São Paulo

Setor/quadra: 061 – 004

Fonte: imobiliária

Informante: corretor

Oferta: R$ 370.000,00 | *Data*: maio de 2015

Área construída: 76,00 m² | *Idade*: 3 anos

Observação: casa de padrão médio

Obsolescência: 0,968 (c) | *Padrão*: 1,814

Elementos de cálculo para homogeneização

- Fator de elasticidade: 0,900.
- Coeficiente de frente: 1,000.
- Coeficiente de profundidade: 1,000.
- Fator de transposição: 1,000.
- Fator de obsolescência: 0,950/0,968 = 0,981.

$$V_{U_8} = \frac{(R\$\ 370.000{,}00 \times 0{,}9)}{76{,}00\ m^2} \times 0{,}981$$

$$V_{U_8} = R\$\ 4.298{,}00/m^2$$

Elemento nº 9

Local: Rua Henrique Sousa Queirós *Cidade*: São Paulo

Setor/quadra: 061 – 004

Fonte: imobiliária

Informante: corretor

Oferta: R$ 400.000,00 *Data*: maio de 2015

Área construída: 76,00 m² *Idade*: 2 anos

Observação: casa de padrão médio

Obsolescência: 0,968 (c) *Padrão*: 1,814

Elementos de cálculo para homogeneização

- Fator de elasticidade: 0,900.
- Coeficiente de frente: 1,000.
- Coeficiente de profundidade: 1,000.
- Fator de transposição: 1,000.
- Fator de obsolescência: 0,950/0,968 = 0,981.

$$V_{U_9} = \frac{(R\$\ 400.000{,}00 \times 0{,}9)}{76{,}00\ m^2} \times 0{,}975$$

$$V_{U_9} = R\$\ 4.647{,}00/m^2$$

Elemento nº 10

Local: Rua Mirandinha

Cidade: São Paulo

Setor/quadra: 061 – 038

Fonte: imobiliária

Informante: corretor

Oferta: R$ 580.000,00

Data: maio de 2015

Área construída: 130,00 m²

Idade: 2 anos

Observação: casa de padrão médio

Obsolescência: 0,968 (c)

Padrão: 1,814

Elementos de cálculo para homogeneização

- Fator de elasticidade: 0,900.
- Coeficiente de frente: 1,000.
- Coeficiente de profundidade: 1,000.
- Fator de transposição: 1,000.
- Fator de obsolescência: 0,950/0,968 = 0,981.

$$V_{U_{10}} = \frac{(\text{R\$ } 580.000{,}00 \times 0{,}9)}{130{,}00 \text{ m}^2} \times 0{,}981$$

$$V_{U_{10}} = \text{R\$ } 3.939{,}00/\text{m}^2$$

Cálculo do unitário

Elemento 1: R$ 4.675,00/m²

Elemento 2: R$ 3.863,00/m²

Elemento 3: R$ 4.000,00/m²

Elemento 4: R$ 4.130,00/m²

Elemento 5: R$ 3.899,00/m²

Elemento 6: R$ 3.548,00/m²

Elemento 7: R$ 4.001,00/m²

Elemento 8: R$ 4.298,00/m²

Elemento 9: R$ 4.647,00/m²

Elemento 10: R$ 3.939,00/m²

$$MA = \frac{\text{R\$ } 41.000,00}{10 \text{ elementos}} = \text{R\$ } 4.100,00/\text{m}^2$$

Limites

Inferior: R$ 4.100,00/m² × 0,70 = R$ 2.870,00/m²

Superior: R$ 4.100,00/m² × 1,30 = R$ 5.330,00/m²

Média aritmética saneada

Como não existem elementos discrepantes, chega-se à seguinte média aritmética saneada:

$$MAS = \text{R\$ } 4.100,00/\text{m}^2 \text{ para maio de 2015}$$

Valor do imóvel (V_i)

O valor do imóvel será dado pela expressão:

$$V_i = V_u \cdot A_c$$

em que:

V_i = valor do terreno;

V_u = valor unitário básico = R$ 4.100,00/m²;

A_c = área construída = 70,44 m².

V_i = R$ 4.100,00/m² × 70,44 m²

V_i = R$ 288.804,00 para maio de 2015

(Duzentos e oitenta e oito mil, oitocentos e quatro reais)

Encerramento

Tendo sido concluída sua missão, mandou a signatária imprimir o laudo de avaliação prévio em 37 (trinta e sete) folhas, todas elas rubricadas, sendo esta a última datada e assinada.

São Paulo, 7 de maio de 2015.

Maria Lúcia Garrobo Pinto

Perita Judicial

7

TERRENOS COM BENFEITORIAS

7.1 Método do custo: o terceiro componente

Conforme já citado, as principais tabelas de custos de construção para a avaliação de benfeitorias são apresentadas pelos trabalhos do Eng. João Ruy Canteiro e dos peritos judiciais, pelo Sistema Nacional de Pesquisa de Custos e Índices da Construção Civil (Sinapi) e pelo levantamento realizado pelo Sindicato da Indústria da Construção Civil de Grandes Estruturas do Estado de São Paulo (SindusCon/SP).

À exceção do trabalho dos peritos judiciais, que apresenta preços de venda (*Edificações: valores de venda*), os demais trabalhos apresentam preços de custo. Torna-se dispensável dizer que nenhum empresário compra um terreno e nele erige uma benfeitoria para vender o imóvel pronto a preço de custo. Está claro que ele espera retirar um lucro correspondente ao risco do capital empregado e ao seu talento empreendedor, além de ser ressarcido por outras despesas decorrentes da venda do imóvel (capital empregado durante o período de vendas, despesas com publicidade, comissões de corretores etc.).

Assim, há que se acrescentar um terceiro componente, incidente sobre o terreno e a construção, que remunere os itens enumerados. Esse componente incide sobre o terreno e a construção porque ambos são partes constitutivas do imóvel e interagem na determinação do preço final. Um bom terreno, bem localizado, valoriza a casa. Um projeto arquitetônico bem concebido e executado valoriza o terreno com um aproveitamento adequado.

Assim, durante vários anos, os avaliadores sempre têm estudado esse terceiro componente, cuja adição ao custo se torna hoje inquestionável, mediante trabalhos, entre os quais cabe destacar *Critérios de cálculo facilitam avaliações urbanas*, de 1967, dos engenheiros Ernesto Whitaker Carneiro e Joaquim da Rocha Medeiros Júnior (Carneiro; Medeiros Jr., 1967), em que eles apresentam uma tabela com percentuais que deveriam ser adicionados à soma dos valores de terreno e de construção, de acordo com a destinação e a idade desta última.

Os engenheiros Joaquim da Rocha Medeiros Júnior e José Carlos Pellegrino estudaram o assunto (Medeiros Jr.; Pellegrino, 1983), procurando estabelecer uma relação entre o terceiro componente, comumente conhecido como *vantagem da coisa feita*, e a renda que o imóvel poderia produzir durante o período de construção ou, então, os juros que o capital empatado durante o período da construção poderia render.

Desde a NBR 5676 (ABNT, 1989), referente à avaliação de imóveis urbanos, a utilização do terceiro componente acha-se definitivamente consagrada no item 9.3.1, que diz que, "quando a benfeitoria aproveitar eficientemente o terreno, deve ser acrescentada uma parcela correspondente à vantagem de uso ou renda do conjunto, pelo prazo necessário à sua montagem ou, alternativamente, equivalente às despesas financeiras, compensação de riscos do empreendimento, remuneração e lucro do empresário".

Os engenheiros Alberto Alves da Motta Netto e Raphael de Camargo Simões, no trabalho *Valor venal de um imóvel*, definem de maneira precisa os conceitos de *vantagem da coisa feita*, *valor em marcha* (*going value*) e *fator de comercialização*.

Vantagem da coisa feita é o valor correspondente à vantagem que um imóvel já construído, pronto para habitar, possui sobre outro semelhante ainda por construir. Por sua vez, valor em marcha ou *going value* é aquele elemento de valor possuído por uma empresa operante que se encontra em uma situação lucrativa, comparada a uma outra empresa não tão bem desenvolvida e operante. Já fator de comercialização (*FC*) é o número correspondente ao relacionamento do valor de venda de um imóvel com o seu custo de reprodução:

$$FC = \text{valor venal/custo de reprodução do imóvel}$$

Esse fator pode ser superior, igual ou inferior a 1.

Os autores ensinam a determinação prática de fator de comercialização. Segundo eles, "a determinação prática de fator de comercialização pode ser feita, praticamente, com bastante precisão, efetuando pesquisas de venda ou ofertas de imóveis semelhantes na região desejada", bastando para tanto lembrar que:

Fator de comercialização = valor venal/custo de reprodução do imóvel

Determina-se o custo de reprodução do imóvel ou dos imóveis tomados por comparação. Dividindo o preço da venda ou da oferta pelo custo de reprodução do imóvel, obtém-se o fator de comercialização. (Motta Netto; Simões, 1978).

8 AVALIAÇÃO DE ALUGUÉIS

Dois são os métodos mais conhecidos e bastante utilizados na determinação do valor locativo: o comparativo e o da renda.

A simples utilização do aluguel vigente pela aplicação de índices econômicos de custo de vida não é método nem critério, mas um procedimento não desejável. Isso porque o aluguel não varia com o custo de vida, mas com a Lei do Inquilinato, com a conjuntura econômica do mercado imobiliário e com o tipo de imóvel. Além disso, se o aluguel a ser utilizado, isto é, o aluguel vigente, tiver sido determinado de maneira errônea, sua atualização pura e simples perpetuaria os erros cometidos.

Com relação ao método da renda, as normas de avaliação de bens da ABNT o definem como aquele que identifica o valor do bem com base na capitalização presente de sua renda líquida prevista, considerando-se cenários viáveis.

No caso da avaliação de aluguéis, o que se faz é aplicar uma taxa, geralmente de 10%, ao valor de venda do imóvel para determinar o seu aluguel anual; em seguida, divide-se esse valor por 12 meses para identificar o aluguel mensal.

Como se pode notar, esse método, assim descrito, nada tem a ver com a definição normativa de método da renda, mas foi com essa denominação que se tornou conhecido nos meios avaliatórios e é assim que tem sido recomendado pela jurisprudência dos tribunais do poder judiciário.

Da maneira como é utilizado, esse método não resiste à crítica mais superficial. São válidas as mesmas considerações que foram feitas sobre reajuste de aluguel. Dez por cento não pode ser considerado um "número mágico", porque não leva em conta a época, o local, a legislação sobre aluguéis e o tipo do imóvel a ser locado.

No Seminário Paulista de 1992, realizado pelo Ibape/SP, o Eng. Joaquim da Rocha Medeiros Jr. sintetizou a questão de maneira brilhante, como é de seu feitio, merecendo suas considerações a aprovação de todos os presentes:

> 1º Nas avaliações, devem ser adotados, de preferência, os métodos diretos sempre que, dependendo das características do imóvel e dos dados disponíveis para confronto no mercado (em gênero e número), eles sejam viáveis.
> 2º A primazia pelos métodos diretos se torna ainda mais justificável face à utilização das técnicas de inferência estatística, que permitem calcular estimativas não tendenciosas de valor e ensejam ampliação da possibilidade de avaliações por comparação e, com isso, a maior probabilidade de acerto, especialmente em situações como a presente recessão do mercado, ou outras opostas, onde os métodos indiretos (custo, renda etc.) podem mais facilmente não espelhar a realidade fática.
> 3º Os métodos indiretos têm utilidade para avaliações de imóveis atípicos e/ou especiais (glebas, *shoppings*, postos de serviços etc.), ou para controle dos resultados deduzidos pelos diretos. (Medeiros Jr., 1992, p. 12).

Nessas condições, é preferível, dentro das condições especificadas, utilizar sempre o método comparativo direto dos preços de mercado, comparando aluguéis de imóveis semelhantes existentes no mercado, homogeneizando-os, conforme suas características de localização, padrão construtivo, idade e estado de conservação.

Assim, tomando como exemplo os valores do exercício da seção 6.1, que serviu de modelo para a exposição do método comparativo direto, e aplicando o cálculo de valor de unidades padronizadas, supondo-se que se tenha feito a homogeneização necessária, tem-se como resultado os aluguéis já homogeneizados (basta repetir o mesmo cálculo, utilizando aluguéis em vez de valores de venda), mostrados na Tab. 8.1.

Tab. 8.1 Resumo dos elementos coletados

Elemento nº	R$/m²
1	7,37
2	7,32
3	7,37
4	6,90
5	6,03
Total	**34,99**

Média aritmética = 34,99/5 = R$ 7,00/m²
Limite superior = 7,00 × 1,30 = R$ 9,10/m²
Limite inferior = 7,00 × 0,70 = R$ 4,90/m²

Estando todos os elementos dentro dos limites prescritos, a média saneada coincide com a média aritmética, e o valor unitário é:

V_A (aluguel do imóvel) = R$ 7,00/m² × 233,30 m² = R$ 1.633,10/mês

9 AVALIAÇÃO DE GLEBAS URBANIZÁVEIS

Dois são os métodos básicos recomendados na avaliação de glebas suscetíveis de urbanização: o comparativo e o involutivo.

9.1 Método comparativo

A avaliação de glebas ocorre por comparação com outras semelhantes existentes no mercado com valores previamente conhecidos. A precisão do método decorre do maior grau de comparabilidade e do maior número de elementos para comparação. No caso de glebas, a dificuldade de encontrar elementos comparáveis é grande, portanto o perito terá que proceder a certas operações que permitam a homogeneização, utilizando, entre outros: coeficientes de transposição, índices de atualização, elasticidade de ofertas, critérios de adaptação de ofertas com facilidades para pagamento à vista etc.

É importante considerar a questão de aproveitamento da área, levando em conta área, conformação, melhoramentos, topografia, condições de superfície e acesso de cada elemento comparativo diferente da gleba em estudo.

No que diz respeito à diversidade de áreas, existe uma tabela de homogeneização pelo emprego de fatores de glebas que aparecem em um quadro constante do Decreto Municipal nº 9788, de 30 de dezembro de 1971. No entanto, não se recomenda o uso dessa tabela, por ter origem e critérios desconhecidos. Existindo número de elementos suficiente, aconselha-se o agrupamento de glebas de áreas semelhantes em número de metros quadrados e que sejam tiradas médias parciais de grupos de elementos semelhantes, relacionando-os com o elemento objeto da avaliação, elaborando assim sua própria tabela de fatores de gleba.

Outro aspecto importante está ligado à forma e, especialmente, à limitação da gleba por vias públicas já existentes. Essa circunstância permite um melhor aproveitamento da gleba com abertura de menor número de ruas; portanto, se as glebas de comparação e as de avaliação divergirem nesse caso específico, as áreas beneficiadas com vias existentes deverão ser excluídas dos cálculos de valor da gleba, devendo ser calculadas como áreas loteadas.

Para os demais fatores, isto é, melhoramentos existentes, topografia, conformação, condições de superfície e acessos, recomenda-se o uso dos fatores de ponderação especiais indicados pelo Eng. Ruy Canteiro (Tab. 9.1) ou ainda o uso dos fatores do decreto da Prefeitura do Município de São Paulo que regulamenta o imposto territorial (Tab. 9.2).

Tab. 9.1 Fatores de ponderação especiais do Eng. Ruy Canteiro

Melhoramentos usuais nos loteamentos		
	Porcentagens	
Água	15%	0,15
Esgoto	10%	0,10
Luz pública	5%	0,05
Luz domiciliar	15%	0,15
Guias e sarjetas	10%	0,10
Pavimentação	30%	0,30
Telefone	5%	0,05
Canalização para gás	1%	0,01
Arborização	1%	0,01

Fonte: Canteiro (1971 apud Caires, 1974b).

Tab. 9.2 Fatores do decreto da Prefeitura do Município de São Paulo que regulamenta o imposto territorial

Fornecimento de água	20%
Fornecimento de luz elétrica	20%
Instalação de esgoto	15%
Transporte coletivo	10%
Pavimentação	10%
Guias e sarjetas	5%
Águas pluviais	5%
Arborização	5%
Ajardinamento	5%
Iluminação pública	5%

Fonte: Caires (1974b).

Para atender à topografia (Tab. 9.3), adota-se a situação-paradigma:

Terreno plano = 1,00

Tab. 9.3 Fatores de topografia

Topografia	Fatores
Caído para os fundos	
Até 5%	0,95
De 5% a 10%	0,90
Acima de 10%	0,80
Em aclive	
Suave	0,95
Acentuado	0,90

Fonte: Canteiro (1971 apud Caires, 1974b).

Para atender à consistência do solo, adota-se como condição de superfície a seguinte situação-paradigma:

Terreno seco = 1,00

Tab. 9.4 Condições de superfície

Superfície	Fatores
Brejoso ou pantanoso	0,60
Alagadiço	0,70

Fonte: Canteiro (1971 apud Caires, 1974b).

Para atender às condições de acessibilidade (condução), adota-se como situação-paradigma um terreno de acessibilidade difícil, desprovido de condução próxima:

Terreno de acessibilidade difícil = 1,00

Tab. 9.5 Condições de acessibilidade

Condução	Fatores
Próxima	1,02
Direta	1,05

Fonte: Canteiro (1971 apud Caires, 1974b).

9.2 Método involutivo

Simplificadamente, pode-se dizer que o custo da gleba bruta X, adicionado de todas as despesas D_T e somado com o lucro do empreendimento L, deve corresponder ao valor de venda da área loteável V_L:

$$X + D_T + L = V_L$$

Para pequenas glebas cujo loteamento possa ser absorvido em prazos curtos, portanto com dispensa de cálculos de juros e fixando-se um lucro baixo, visto ser pequeno o risco, pode-se ter, *grosso modo*, a decomposição de D_T em despesas de compra e de urbanização:

$$D_T = D_C + D_U$$

Adotando-se:

$$D_C \cong 1{,}5\% \cdot X$$

e, para o lucro,

$$L = 10\% \cdot V_L = 0{,}10 \cdot V_L$$

tem-se:

$$X + 0{,}015 \cdot X + D_U = V_L - 0{,}10 \cdot V_L$$
$$X \cdot (1 + 0{,}015) \cdot V_L - D_U/1{,}015, \text{ mas } D_U/1{,}015 \cong D_U$$
$$X = 0{,}886 \cdot V_L - D_U$$

Por outro lado, sabe-se que o valor de venda dos lotes V_L é função da área útil do loteamento e do valor unitário dos terrenos das imediações. Dentro dos critérios médios admitidos, pode-se supor a perda de 30% no arruamento, o que daria:

$$S_U = S_t\,(1 + K) = 0{,}7 \cdot S_t$$
$$V_L = 0{,}7 \cdot S_t \cdot q$$

e, finalmente,

$$X = 0{,}886 \cdot 0{,}7 \cdot S_t \cdot q - D_U$$

ou

$$X = 0{,}62 \cdot S_t \cdot q - D_U$$

São conhecidas assim as despesas de urbanização (por comparação com outras ou por preços unitários médios ou ainda pelas tabelas de João Ruy Canteiro e/ou da Prefeitura do Município de São Paulo) e a área total da gleba, bem como o custo da gleba bruta.

Observação: Esses ensinamentos estão contidos *ipsis litteris* no livro *Engenharia de avaliações*, do Ibape, e são de autoria exclusiva do Eng. Hélio de Caires (1974a), meu primeiro mestre em avaliações de imóveis, a quem ora presto minha homenagem. Transcreveu-se apenas a fórmula simplificada de avaliação de glebas, tendo em vista que a fórmula geral por ele deduzida é de difícil aplicação e requer conhecimentos de dados nem sempre disponíveis. Embora a fórmula simplificada, segundo o próprio autor, deixe a desejar em matéria de precisão, julga-se que sua aplicação conduz a resultados relativamente satisfatórios, sendo de utilização mais prática e exequível.

10 AVALIAÇÕES ECONÔMICAS

Nas avaliações econômicas, o comprador está mais interessado no faturamento da empresa do que no seu patrimônio imobiliário.

As variáveis que conduzem para o valor econômico da empresa estão concentradas geralmente no fluxo de caixa descontado, em que se analisa o futuro da empresa num horizonte mínimo de cinco anos (de projeção compatível com sua atividade).

O fluxo de caixa é feito através de uma análise prospectiva da empresa tomando-se por base uma análise retrospectiva, analisando-se seus mercados, componentes de custos, receitas e deduções sobre estas. Como esses lucros estão em períodos futuros, devem ser trazidos a valor presente através de uma taxa de desconto que remunere o custo de oportunidade do mercado financeiro e lhe propicie uma compensação pelo risco do setor e da empresa.

Como está sendo feito um cálculo do valor atual dos lucros futuros, é preciso escolher uma taxa de desconto. Essa taxa tem que ser no mínimo igual à maior das taxas, sem riscos, do mercado financeiro, para que valha a pena deixar a inércia das aplicações financeiras e partir para o risco de um empreendimento.

Quando se eleva a taxa de desconto do fluxo, o valor atual é reduzido, chegando a valores bem inferiores aos valores patrimoniais. Nesses casos, o valor da empresa será o da soma de seus ativos, entre eles, os imóveis, os equipamentos etc. Nesses casos, a análise pelo valor econômico não é a melhor alternativa para avaliar a empresa.

No caso de avaliação da empresa pelo valor econômico, utiliza-se o método do valor presente do fluxo de caixa projetado (VPFCP), que procura determinar o valor da empresa com base na capacidade de remunerar seus acionistas a longo prazo.

A aplicação do método VPFCP requer a determinação de três componentes principais (Gatto; Teixeira, s.d.):

1. O fluxo de caixa projetado, determinado a partir de modelos de simulação aplicáveis à empresa. Esses modelos levam em conta as variáveis de natureza econômico-financeira que têm o maior impacto na formação de fluxos de caixa futuros (venda, margens, estrutura de custos, necessidades de investimentos etc.).
2. O valor residual, que é o valor do negócio no final do período em análise, ou seja, o valor que os acionistas podem esperar obter com a alienação das ações no final do horizonte de projeções adotado.
3. A taxa de desconto que será utilizada para calcular o valor presente do fluxo de caixa futuro e do valor residual, que é determinada por alguns métodos, entre os quais citamos: o método do custo médio ponderado do capital (*weighted average cost of capital* – WACC), que calcula em proporções a participação na estrutura de capitais da empresa, o custo de capital de terceiros; ou a taxa mínima de atratividade (TMA), que representa o custo de oportunidade associado ao risco da empresa ou do investimento.

O objetivo da inserção desse resumo é situar o leitor no campo das avaliações econômicas, que toma corpo cada vez maior nas avaliações não só de empresas, como também de *shopping centers* e outros estabelecimentos em que os métodos tradicionais de avaliações patrimoniais não são suficientes para resolver o problema.

11 INFERÊNCIA ESTATÍSTICA

11.1 Abordagem para principiantes

Costuma-se entender como inferência estatística um processo pelo qual, a partir de uma pequena amostra, chega-se a uma conclusão sobre toda a população à qual a amostra pertence. Portanto, para que a conclusão seja válida, a amostra deve ser representativa da população.

Sabe-se que a qualidade da amostra, em termos de dispersão, é medida pelo desvio padrão. Numa curva de distribuição normal, onde as amostras com valores de maior frequência se aglutinam em torno da média, o desvio padrão mede quanto os valores amostrais se dispersam em torno da média. Portanto, quanto menor for o desvio padrão, menos dispersa será a amostra (Fig. 11.1).

O pesquisador vai a campo e colhe informações relevantes sobre o imóvel que quer avaliar. Supondo que ele tenha percebido que a frente do imóvel, a testada, influencia no seu valor, ele coleta diversos elementos semelhantes ao imóvel objeto da avaliação, registrando os seus valores (variável explicada, que será chamada de Y) e respectivas frentes (variável explicativa, que será chamada de X).

Em seguida, já no escritório, ele constrói um gráfico onde coloca os valores em ordenadas e as respectivas testadas em abscissas.

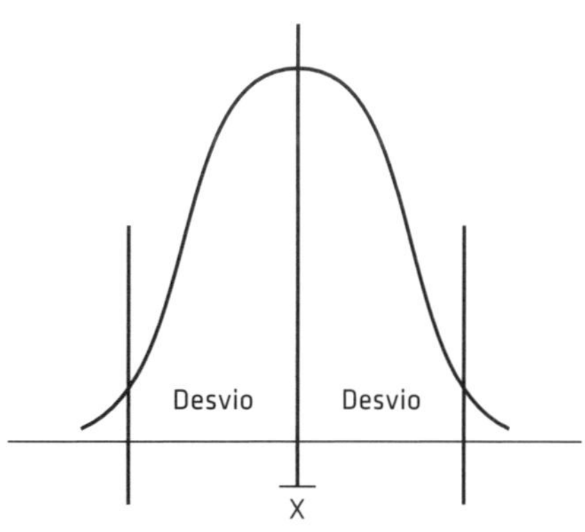

Fig. 11.1 *Gráfico de dispersão*

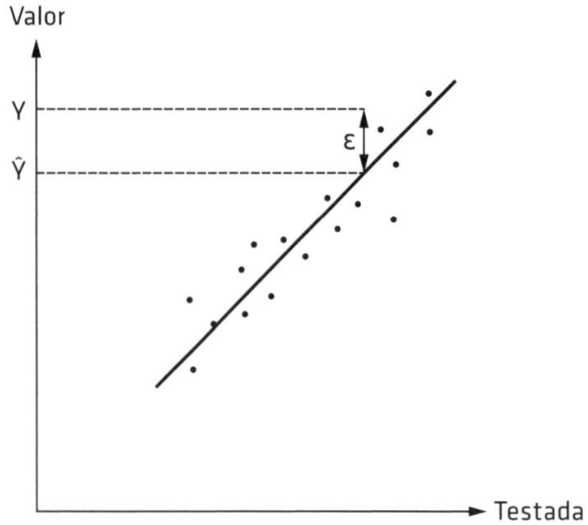

Fig. 11.2 *Reta que melhor representa a tendência dos pontos dispersos*

Se realmente houver uma relação entre as frentes dos imóveis da amostra e seus valores, aparecerá uma tendência de variação, que pode ser representada por uma reta que melhor represente a tendência dos pontos dispersos (Fig. 11.2).

Nessa figura, Y é o valor encontrado em campo para uma determinada testada, ao passo que $\hat{Y}$ é o valor calculado correspondente a Y na reta que melhor se ajusta à distribuição dos pontos.

A diferença entre o que foi encontrado no campo, Y, e o que foi calculado, representado por $\hat{Y}$, é denominada resíduo (ε), e a variação do fenômeno, graficamente a reta, pode ser representada pela seguinte equação:

$$Y = a + b \cdot X + \varepsilon$$

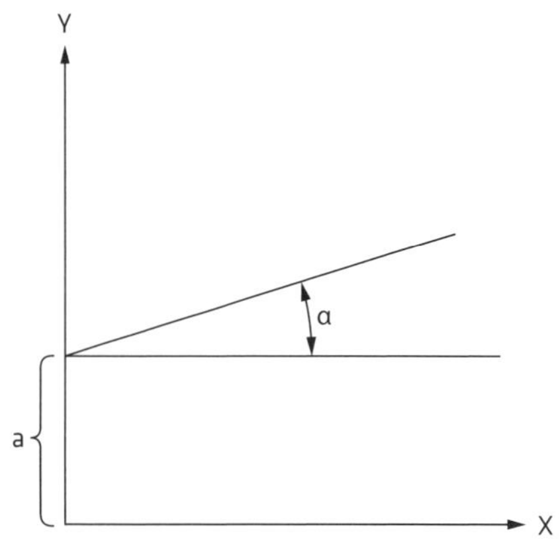

Fig. 11.3 *Gráfico da variável Y em função de X*

em que a é o chamado intercepto, e b, a tangente do ângulo α, que mede a variação do valor Y para a variação unitária de X (Fig. 11.3). O valor de a corresponde a Y quando X é nulo na equação.

Num caso mais geral essa tendência pode ser não linear, na qual os pontos (X, Y) se distribuem de maneira ligeiramente desordenada, embora essa distribuição se encaminhe para uma tendência direcional que pode ser representada pela curva indicada no gráfico da Fig. 11.4, onde os dados colhidos no campo poderiam estar representados.

Como há distâncias acima da curva (resíduos positivos) e abaixo da curva (resíduos negativos), seria preferível aplicar um critério de ajuste da curva aos pontos de forma que a tendência, caso se somem essas distâncias, seja de que elas se compensem, com seu somatório sendo igual a zero.

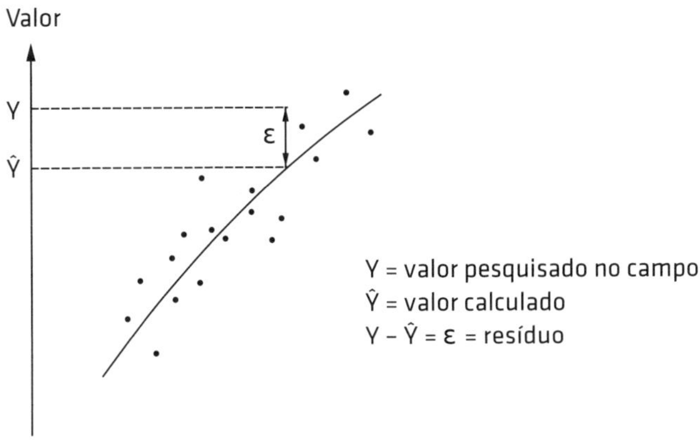

Fig. 11.4 *Curva que melhor representa a distribuição dos pontos dispersos*

Portanto, caso se encontre uma curva que conduza ao menor somatório dos quadrados dos resíduos, ela será a de melhor ajuste, pelo método dos mínimos quadrados.

Nesse caso, pela utilização de uma variável explicada (valor unitário) e uma variável explicativa ou independente (testada), está sendo realizada uma regressão linear. Em outras palavras, ao fazer com que os somatórios dos resíduos sejam os mínimos possíveis, no caso da aplicação do método dos mínimos quadrados, faz-se com que esses valores tendam à curva que melhor represente a variação do fenômeno.

Assim, utilizando um processo de regressão linear, obtém-se uma estimativa da variação do fenômeno preço do terreno em função de sua testada e infere-se que esse resultado possa representar uma estimativa do real comportamento na população, através de um processo indutivo denominado inferência estatística.

A porcentagem da variação da variável Y que é explicada pela equação é representada estatisticamente pelo seu coeficiente de determinação (R), que, na prática, pode ser calculado pela seguinte equação:

$$R^2 = \sum (Y - \hat{Y})^2 / \sum (Y - \overline{Y})^2$$

em que $\overline{Y}$ corresponde ao valor médio dos valores dos elementos amostrais:

$$\overline{Y} = \sum Y / n$$

em que n corresponde ao número de elementos coletados.

Quanto maior é o coeficiente de determinação, mais representativa da variação de Y é a curva. Portanto, o coeficiente de determinação varia entre 0 e 1.

A raiz quadrada do coeficiente de determinação (R) recebe o nome de coeficiente de correlação.

Entretanto, caso Y varie em função de duas variáveis explicativas (X_1 e X_2), aplicando o método dos mínimos quadrados dos resíduos, será obtido um plano de regressão em substituição à reta, em relação ao qual serão calculados os resíduos (Fig. 11.5).

Seja a equação:

$$Y = a + b \cdot X_1 + c \cdot X_2 + \varepsilon$$

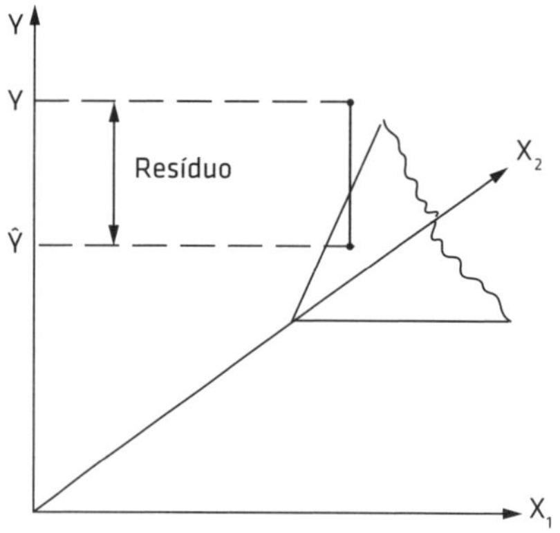

Fig. 11.5 *Plano de regressão em substituição à reta*

Se, por exemplo, não for possível rejeitar a hipótese de o valor de b ser nulo (a um determinado nível de significância), ele poderá ser admitido como zero e, nesse caso, a equação poderia ser admitida como:

$$Y = a + 0 \cdot X_1 + c \cdot X_2 + \varepsilon = a + c \cdot X_2 + \varepsilon$$

E, portanto, nesse caso, seria possível excluir essa variável, concluindo que sua variação explica muito pouco a variação do fenômeno. Estatisticamente, isso é feito através do chamado teste de hipótese.

Caso se faça Y variar em função de três ou mais variáveis, haverá o hiperplano de regressão (Fig. 11.6).

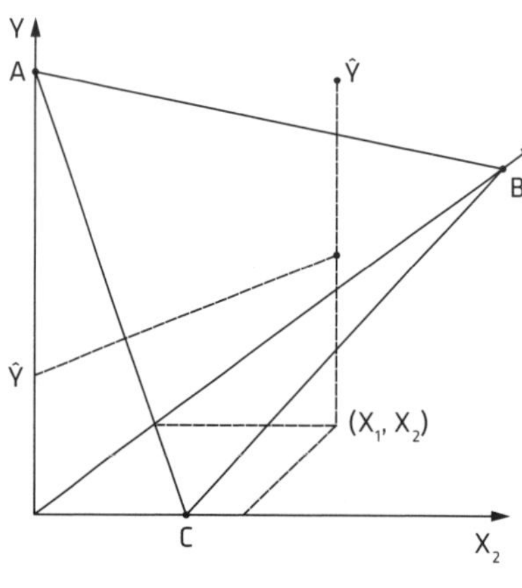

Fig. 11.6 *Hiperplano de regressão*

Em ambos os casos, já se está trabalhando com regressões múltiplas, isto é, com Y variando em função de múltiplas variáveis. O plano de regressão é ABC. A reta vertical que passa pelo ponto (X_1, X_2) genérico atravessa o plano no ponto Y.

Uma vez encontrada a equação que o avaliador julgar como a de melhor ajuste, não necessariamente a de maior R^2, faz-se necessário proceder a uma análise dos resíduos, isto é, das diferenças entre os valores calculados por essa equação ($\hat{Y}$) para cada elemento amostral e o valor encontrado no campo (Y). Esse resíduo pode ter se originado, por exemplo, em virtude das oscilações "normais" de mercado ou da não consideração de alguma variável importante.

Se, por exemplo, a verdadeira equação for:

$$Y = a + b \cdot X + c \cdot Z + \varepsilon$$

E a variável Z não for levada em conta, a equação será:

$$Y = a + b \cdot X + \varepsilon'$$

em que $\varepsilon' = (c \cdot Z + \varepsilon)$.

O resíduo padronizado é definido como:

$$\text{Resíduo padronizado} = \frac{\text{resíduo de cada elemento}}{\text{desvio padrão dos resíduos de todos os elementos}}$$

Os resíduos padronizados de todos os elementos podem ser representados em forma de gráfico, com os pontos distribuídos acima e abaixo de uma média nula, conforme exibido na Fig. 11.7.

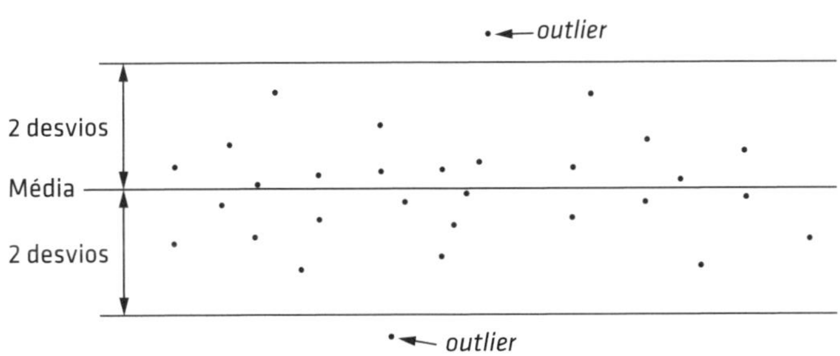

Fig. 11.7 *Representação gráfica dos resíduos padronizados de todos os elementos*

Se um ou mais deles resultarem fora da faixa "normal" de variação, pode-se desconfiar que eles sejam *outliers*, isto é, elementos muito discrepantes dos demais.

Cabe ao avaliador examinar o gráfico dos resíduos padronizados e detectar a faixa de variação em que a maior parte deles se encaixe. Por exemplo, dois desvios padrão.

Nesse caso, cabe ao perito estudar esses *outliers* para procurar saber por que eles se distanciaram tanto da média. Não raras vezes, essas informações podem trazer conhecimentos úteis sobre a variação do valor, até então ignorados e que podem inclusive estar afetando o elemento objeto da avaliação (novas tendências de mercado ou erros de informação).

É importante mencionar que a inferência representará tanto melhor a realidade quanto mais precisas forem as informações e variáveis utilizadas no modelo. A inclusão de variáveis inadequadas ou a ausência de variáveis importantes podem conduzir a erros gravíssimos. Portanto, para um trabalho bem feito, é necessária muita experiência em avaliações de imóveis, aliada a uma especialização bastante aprofundada em inferência estatística.

12 PROCEDIMENTOS JUDICIAIS

12.1 Processo *versus* autos

12.1.1 Processo

Quando se chega ao balcão do fórum e se pede o processo, está se cometendo um ledo engano, pois processo é uma sucessão de fatos e/ou atos, sendo, portanto, um ente abstrato, impossível de ser manuseado. O correto é pedir os autos, que é onde se registra por escrito tudo quanto acontece no processo.

Processo é uma série de atos jurídicos coordenados tendentes ao exercício da função jurisdicional, que é a obtenção de um provimento final determinado pelo juiz, chamado de sentença.

12.1.2 Autos

Autos são as folhas que contêm tudo quanto acontece no processo, lavrado a termo, isto é, por escrito.

12.2 Código Civil *versus* Código de Processo Civil

12.2.1 Código Civil

O Código Civil é a lei de direito material. Direito material é a parte do direito que regula os próprios bens da vida. É regido por leis que se referem diretamente ao conteúdo, ao mérito da matéria. Por exemplo, os Arts. 186 e 187 do Código Civil dizem: "Aquele que, por ato ilícito, causar dano a outrem, fica obrigado a repará-lo".

12.2.2 Código de Processo Civil

O Código de Processo Civil estabelece as regras dos procedimentos para o desenvolvimento do processo. Ao contrário do que muitos pensam, o direito processual não é feito para retardar o processo, mas para que todos conheçam as regras do jogo e não sejam surpreendidos por fatos desconhecidos que firam o princípio do contraditório (possibilidade de cada parte tomar conhecimento de tudo quanto acontece no processo e poder dele participar, retrucando, ou não, o que foi apresentado pela parte contrária) e desequilibrem a igualdade de direitos no processo.

Por exemplo, o Art. 282 do Código de Processo Civil diz: "A petição inicial indicará: I) o juiz ou tribunal, a que é dirigida; [...] VII) o requerimento para a citação do réu".

12.3 Do Código de Processo Civil

O Código de Processo Civil está dividido em cinco livros:

- Livro I – *Do processo de conhecimento.*
- Livro II – *Do processo de execução.*
- Livro III – *Do processo cautelar.*
- Livro IV – *Dos procedimentos especiais.*
- Livro V – *Das disposições finais e transitórias.*

O *processo de conhecimento* é aquele em que o autor pede uma decisão ou sentença ao juiz sobre o mérito de sua pretensão, geralmente para que outrem, o réu, seja compelido a submeter-se à vontade da lei que teria violado. Nesse caso, o processo se desenvolve com a produção de provas e termina por uma sentença de declaração (constituindo, modificando ou extinguindo um direito), atendendo assim os objetivos almejados pelo autor.

Nesse processo de conhecimento, a sentença pode ser de condenação. Se a condenação encontrar no réu resistência para seu cumprimento, é preciso atuar novamente a jurisdição, mediante o exercício do direito de ação, para que o réu, já condenado, seja compelido a cumprir o direito declarado na sentença. Esse procedimento enseja um *processo de execução*, que atuará até com invasão do patrimônio jurídico para cumprir a determinação contida na sentença condenatória, inclusive com a expropriação dos bens do devedor para o pagamento do credor.

A execução pode fundar-se em título executivo judicial, a sentença condenatória, ou em título executivo extrajudicial, uma promissória ou cheque vencido e não pago que se constitua em direito líquido e certo. Neste último caso, pode-se iniciar diretamente o processo de execução, instruindo-o com os títulos executivos extrajudiciais, sem a necessidade de passar pelo processo de conhecimento, uma vez que os títulos juntados ao processo de execução suprem a sentença condenatória.

Dada a demora de um processo de conhecimento e da eventual execução, pode ocorrer que pereça o direito pleiteado pelo autor. Nesse caso, o sistema processual prevê outra forma de pedido, através do *processo cautelar*. Para que o juiz conceda uma medida cautelar, são necessários dois fatores: o *periculum in mora* e o *fumus boni iuris*. O *periculum in mora* consiste no "perigo na demora", isto é, se o processo demorar, o direito pode perecer, vítima de circunstâncias ocasionais que se verificam no decorrer do processo. Por exemplo, a mulher que pleiteia a separação e é agredida continuamente pelo marido. Se o juiz não providenciar uma medida cautelar de separação de corpos, a vítima pode perecer e a ação então será desnecessária. A outra condição, de *fumus boni iuris*, significa "fumaça de um bom direito", ou seja, se o juiz vislumbrar que há indícios de que o autor esteja defendendo um direito plausível de ser verificado como legítimo, ele pode determinar a medida cautelar para proteger esse direito.

Já os *procedimentos especiais* são aqueles que regulam certas ações que possuem ritos específicos, como inventário, ação de consignação em pagamento, ações possessórias etc.

No Livro V (*Das disposições finais e transitórias*) estão, por exclusão, todos os assuntos que não couberam nos outros quatro livros.

12.4 Do procedimento comum

O Art. 271 do Código de Processo Civil diz o seguinte: "Aplica-se a todas as causas o procedimento comum, salvo disposição em contrário deste Código ou de lei especial". Esclarece, em seguida, o Art. 272: "O procedimento comum é ordinário".

12.4.1 Procedimento ordinário

Na *petição inicial*, o autor, representado por seu advogado, expõe os fatos e os fundamentos jurídicos do pedido, o pedido (expressão de sua pretensão) com suas especificações e as provas com que pretende demonstrar a verdade dos fatos alegados.

O juiz verifica se a petição atende aos requisitos exigidos (CPC, Arts. 282 e 283). Estando em termos, o juiz a despachará, ordenando a *citação* do réu para responder (CPC, Art. 285). Feita a citação, geralmente por oficial de justiça, o réu poderá oferecer, no prazo de 15 dias, em petição escrita dirigida ao juiz da causa, contestação, exceção e reconvenção. Sobre esses modos de defesa do réu, disciplina o código em seus Arts. 300 a 318.

Sobre a contestação, em determinados casos, deverá o autor ser ouvido no prazo de dez dias, em obediência ao princípio do contraditório (CPC, Art. 326). Essa audiência do autor é a réplica.

Findo o prazo para a defesa do réu, o escrivão remeterá os autos ao juiz, que determinará, conforme o caso, as providências preliminares que constam dos Arts. 324 e 327 do CPC. Cumpridas estas ou não havendo necessidade delas, o juiz poderá conhecer diretamente o pedido, proferindo sentença, nas hipóteses previstas no Art. 330.

Não havendo motivo para extinguir o processo ou para julgar antecipadamente a lide (CPC, Arts. 329 e 330), proferirá o juiz o chamado *despacho saneador*, em que decidirá sobre a realização de exame pericial, nomeará o perito, facultando às partes a indicação de seus assistentes técnicos, e designará a audiência de instrução e julgamento, deferindo as provas que serão produzidas.

Nesse período, os autos estão *conclusos*, isto é, não disponíveis para serem retirados, por estarem em poder do juiz.

Na *audiência de instrução e julgamento*, o juiz buscará, primeiramente, conciliar as partes. Resultando infrutífera a conciliação, passará à fase de instrução, reunindo e examinando as provas respectivas e ouvindo eventualmente esclarecimentos do perito e dos assistentes técnicos sobre dúvidas suscitadas pelas partes sobre os respectivos laudos (quando intimados para tanto, em tempo hábil); em seguida tomará os depoimentos pessoais, primeiro do autor e depois do réu; finalmente, inquirirá as testemunhas arroladas pelas partes. Finda a instrução, o juiz dará a palavra ao advogado do autor e ao do réu, bem como, se for o caso, ao órgão do Ministério Público sucessivamente. Encerrando o debate ou oferecidos os memoriais, o juiz proferirá a sentença desde logo ou no prazo de dez dias.

O escrivão lavrará, sob ditado do juiz, termo que conterá, em resumo, o ocorrido na audiência, bem como, por extenso, os despachos e a sentença, se esta for proferida no ato. Subscreverão o termo o juiz, os advogados, o órgão do Ministério Público e o escrivão. Este transladará para os autos cópia autêntica do termo de audiência.

12.4.2 Sentença

A sentença contém três partes: I) o *relatório*, contendo um resumo do processo; II) a *fundamentação*, em que o juiz analisa as questões de fato e de direito; e III) o *dispositivo*, em que aplica a lei ao caso concreto.

12.5 Da prova pericial

12.5.1 Teoria geral da prova

Quando a matéria envolvida num processo depende exclusivamente de normas jurídicas e não há fatos controversos, o juiz julga a lide antecipadamente, pois é especialista em direito.

Quando há fatos controversos, há necessidade de provas. Prova é todo elemento de convicção do juiz sobre os fatos.

O que os códigos de processo disciplinam são os meios de prova, que são os instrumentos que trazem aos autos a prova. São meios de prova:

- testemunha;
- perícia.

Há também outro procedimento – a confissão; todavia, a confissão não é meio de prova: é a prova. Ao contrário, meio de prova é forma, é mecanismo, é instrumento que contém elementos de prova. O Código de Processo Civil disciplina os meios mais comuns; não é taxativo; são os meios legais. São admissíveis outros meios de prova, ainda que não disciplinados na lei, desde que moralmente legítimos, isto é, se consentâneos com a cultura do processo moderno. O meio admissível é aquele que respeita a racionalidade, bem como a integridade da pessoa humana.

A prova exclusivamente testemunhal não pode ser usada para provar a existência de contrato de valor superior a dez salários mínimos. Ela tem um valor limitado e é conhecida como a "prostituta" das provas.

O Art. 145 do Código de Processo Civil prevê: "Quando a prova de fato depender de conhecimento técnico ou científico, o juiz será assistido por perito, segundo o disposto no Art. 421". Há, pois, necessidade de perícia toda vez que a prova depender de conhecimentos técnicos ou científicos de determinada área que não seja de conhecimento do juiz.

Segundo o glossário do Ibape/SP (2002), existem as seguintes definições relacionadas com a perícia:

- *Perícia*: "Atividade concernente a exame realizado por profissional especialista, legalmente habilitado, destinado a verificar ou esclarecer determinado fato, apurar as causas motivadoras do mesmo, ou o estado, alegação de direitos ou a estimação da coisa que é objeto de litígio ou processo".
- *Perito*: "Profissional legalmente habilitado, idôneo e especialista, convocado para realizar uma perícia".

- *Assistente técnico*: "Profissional legalmente habilitado, indicado e contratado pela parte para orientá-la, assistir os trabalhos periciais em todas as fases da perícia e, quando necessário, emitir seu parecer técnico".
- *Laudo*: "Parecer técnico escrito e fundamentado, emitido por um especialista indicado por autoridade, relatando resultados de exames e vistorias, assim como eventuais avaliações com ele relacionadas".

12.5.2 Perícia

Sobre perícia, pode ser dito que é um gênero, do qual o exame, a vistoria e a avaliação são espécies. De modo geral, o exame é feito em pessoas, documentos e coisas móveis; a vistoria destina-se a apurar fatos e estados de bens *in loco*, e a avaliação, a determinar tecnicamente o valor desses bens. A perícia pode consistir em simples vistoria de constatação de fatos ou estado de um bem, mas pode também investigar as causas que conduziram ao estado observado, apresentando conclusões sobre elas.

12.5.3 Perito

Com relação ao perito, o Código de Processo Civil (Art. 156, § 1º) prevê: "Os peritos serão escolhidos entre profissionais de nível universitário, devidamente inscritos no órgão de classe competente, respeitado o disposto no Capítulo VI, seção VII deste código". E, no § 2º: "Os peritos comprovarão sua especialidade na matéria sobre que deverão opinar, mediante certidão do órgão profissional em que estiverem inscritos".

Portanto, para ser perito, no caso do engenheiro, do arquiteto e do agrônomo, basta ter a certidão do Conselho Regional de Engenharia, Arquitetura e Agronomia (Crea). Mas, para ser bom perito, deve também ser idôneo e ter conhecimentos específicos aprofundados sobre a matéria objeto da perícia. Caso contrário, "o perito ou o assistente pode ser substituído quando: I – Carecer de conhecimento técnico ou científico" (CPC, Art. 424).

Abaixo estão dispostas leis de regulamentação profissional que tornam privativas dos engenheiros, arquitetos ou agrônomos as perícias judiciais de engenharia:

a. A Lei nº 5.194, de 24 de dezembro de 1966, que regulamenta o exercício das profissões de engenheiro, arquiteto e engenheiro agrônomo, estabelece no seu Art. 7 as atividades e atribuições desses profissionais e, na alínea c, contempla-os na realização de "estudos, projetos, análises, avaliações, perícias, pareceres e divulgações técnicas".

b. As Resoluções Confea nº 218/73 e nº 225/74, discriminando as atividades e as especializações dessas profissões, preveem como cargos e funções reservadas a elas, entre outros, os exames, as vistorias e as avaliações.

Os juízes podem nomear pessoas idôneas com algum conhecimento sobre a matéria para a realização de perícias, mas somente quando não houver profissionais habilitados na região ou comarca.

12.5.4 Dos deveres e obrigações do perito

Em princípio, quando nomeado, o perito tem o dever de aceitar o exercício da função, só podendo escusar-se do encargo apresentando motivo legítimo, o que deve fazer dentro de cinco dias da intimação (feita por mandados específicos, ou por via postal, ou até mesmo por comunicação oral, telefônica), ou por causa de algum impedimento superveniente, sob pena de se reputar renunciado o direito a alegá-lo (CPC, Art. 146, parágrafo único, e Art. 423).

Ele também pode ser recusado por impedimento, suspeição (CPC, Art. 138, III) ou falta de conhecimento técnico ou científico (CPC, Art. 424, I). O impedimento se dá quando o perito ocupa algum cargo ou trabalha para uma das partes interessadas. A suspeição, por sua vez, é verificada quando o perito é amigo íntimo ou parente até 3° grau de um dos litigantes.

Além dos motivos de impedimento ou suspeição, são razões relevantes para o perito não aceitar o encargo:

- quando a perícia for relativa a matéria sobre a qual se considera inabilitado para opinar;
- quando a perícia envolver questão a que não possa responder sem desonra própria ou de seu cônjuge, parente ou amigo íntimo ou sem expô-los a perigo de demanda ou dano patrimonial;
- quando a perícia envolver fatos cuja divulgação acarrete violação de segredo profissional;
- quando estiver já anteriormente compromissado com outras perícias, que não lhe permitam cumprir os prazos fixados.

12.5.5 Dos prazos

Nomeado o perito e indicados os assistentes, prevê o Código de Processo Civil, quanto a prazos (Art. 432): “Se o perito, por motivo justificado, não puder apresentar o laudo dentro do prazo, o juiz conceder-lhe-á, por uma vez, prorrogação, segundo o seu prudente arbítrio”.

Paralelamente, está previsto no mesmo código, quanto aos prazos:

> O perito apresentará o laudo em cartório no prazo fixado pelo juiz, pelo menos 20 (vinte) dias antes da audiência de instrução e julgamento.
> Parágrafo único – Os assistentes técnicos oferecerão seus pareceres 10 (dez) dias após a apresentação do laudo, independentemente da intimação. (CPC, Art. 433).

Isso obriga os assistentes técnicos a acompanharem a entrega do laudo pelo vistor oficial, porque, muitas vezes, o advogado da parte não age com a devida diligência não informando em tempo hábil seu assistente técnico sobre a entrega do trabalho.

Ainda que o assistente seja informado, pode acontecer que, ao tentar retirar os autos e, principalmente, o laudo para poder dar o seu parecer técnico, a outra parte já o tenha retirado. Nessa situação, existem duas alternativas para o assistente técnico:

- Pedir uma cópia do laudo ao perito, se este não a tiver entregue, por cortesia, como sói acontecer entre profissionais de bons princípios éticos e bom relacionamento.
- Deixar o parecer técnico mais ou menos pronto para poder terminá-lo em tempo quando consultar o laudo judicial. Assim, basta confrontar o que já tinha feito com o que o perito fez e apenas apontar possíveis contradições.

A lei aponta para que seja considerada como início do prazo referido a data da publicação da juntada do laudo ao processo. Se o assistente técnico não puder cumprir o prazo, cabe recurso do advogado às instâncias superiores. A rigor, isso configura cerceamento de defesa ou infringência ao princípio constitucional do contraditório.

12.5.6 Das penalidades a que os peritos estão sujeitos

Se o perito errar por dolo (intenção de prestar informações inverídicas) ou culpa (negligência, imprudência ou imperícia), estará sujeito a sanções civis e penais, além de outras:

> O perito que, por dolo ou culpa, prestar informações inverídicas, responderá pelos prejuízos que causar à parte, ficará inabilitado, por 2 (dois) anos, a funcionar em outras perícias e incorrerá na sanção que a lei penal estabelecer. (CPC, Art. 147).

> O perito pode ser substituído quando:
> I – Carecer de conhecimento técnico ou científico;
> II – Sem motivo legítimo, deixar de cumprir o encargo no prazo que lhe foi assinado.
> Parágrafo único – No caso previsto no inciso II, o juiz comunicará a ocorrência à corporação profissional respectiva, podendo, ainda, impor multa ao perito, fixada tendo em vista o valor da causa e o possível prejuízo decorrente do atraso no processo. (CPC, Art. 424).

> Fazer afirmação falsa, ou negar ou calar a verdade, como testemunha, *perito*, tradutor ou intérprete em processo judicial, policial ou administrativo, ou em juízo arbitral:
> Pena – Reclusão de um a três anos e multa.
> [...]
> § 2º – As penas aumentam-se de um terço, se o crime é praticado mediante suborno.
> § 3º – O fato deixa de ser punível se antes da sentença o agente se retrata. (Código Penal, Art. 342).
> Aquele que, por ato ilícito, causar dano a outrem, fica obrigado a repará-lo. (Código Civil, Art. 927).

Observação: É polêmico o fato de esses dispositivos poderem aplicar-se também ao assistente técnico.

12.5.7 Direitos do perito

São direitos do perito:

- Recorrer a diversas fontes de informação.

> Para o desempenho de sua função, podem o perito e os assistentes técnicos utilizarem-se de todos os meios necessários, ouvindo testemunhas, obtendo informações, solicitando documentos que estejam em poder de parte ou em repartições públicas, bem como instruir o laudo com plantas, desenhos, fotografias e outras quaisquer peças. (CPC, Art. 429).

A esse respeito, o Acórdão RT 484 (1992) diz o seguinte: "O perito não pode ser transformado em pesquisador de prova testemunhal". Para valer o testemunho por ele colhido, precisa ser reproduzido em juízo.

- O direito inalienável de receber a remuneração.

Os advogados e as partes sempre julgam os honorários do perito excessivos. O perito, por sua vez, considera o que ele ganha insuficiente, dado o número de horas despendidas, a complexidade do trabalho, os anos de experiência, seus trabalhos publicados etc.

Existe uma tabela publicada pelo Ibape, registrada no Crea, que fixa os valores dos honorários periciais em função do próprio valor da perícia, mormente quando se trata de avaliação. Os juízes costumam acolher essa tabela em grande parte dos casos. No entanto, eles não são obrigados a seguir as tabelas editadas pelas entidades de classe.

A maioria dos tribunais entende que o perito não pode recorrer da decisão do juiz que fixa seu salário. Entretanto, há notícia de agravo de instrumento (mais adiante, será visto no que consiste esse recurso) de perito contra despacho do juiz que fixou sua remuneração.

Se foi o juiz quem determinou a realização da perícia, a remuneração será paga pelo autor, o que se dá também quando ambas as partes requererem a perícia. No mais, a remuneração do perito judicial é paga pela parte que requereu o exame. No final, a parte perdedora é que pagará a perícia, reembolsando a parte vencedora, se esta já tiver pago a perícia (sucumbência).

12.5.8 Comparecimento do perito às audiências

> A parte que desejar esclarecimentos do perito e do assistente técnico requererá ao juiz que mande intimá-lo a comparecer à audiência, formulando desde logo as perguntas.
> Parágrafo único – O perito e o assistente técnico só estarão obrigados a prestar os esclarecimentos a que se refere este artigo, quando intimados cinco dias antes da audiência. (CPC, Art. 435).

Depreende-se daí que o perito (e o assistente técnico) só será obrigado a prestar os esclarecimentos se receber com antecedência de cinco dias a intimação e se tomar conhecimento do que lhe vai ser perguntado antecipadamente. Essas perguntas devem limitar-se ao que está contido no laudo. Isso quer dizer que as perguntas visam simplesmente esclarecer sobre o teor do laudo, não havendo possibilidade de formular indagações que surpreendam o perito.

12.5.9 Do assistente técnico

Pela antiga redação do Art. 138, o assistente técnico estava sujeito a impedimento e suspeição. Pela nova redação, apenas o perito está. Senão, note-se a parte final do

Art. 422: "Os assistentes técnicos são de confiança da parte, não sujeitos a impedimento ou suspeição".

Isso quer dizer que, pela lei, o assistente técnico pode ser parcial, conforme entendimentos de alguns. No entanto, cumpre observar que, ainda que admitida tal hipótese, a defesa desses interesses da parte, a qual a rigor cabe ao advogado, não permite ao assistente técnico omitir ou forçar a verdade, pois ele tem um compromisso ético com sua profissão, um compromisso com a verdade, que faz inclusive parte do juramento que fez quando recebeu o diploma.

A indicação do assistente é feita pela parte; cada uma indica o seu. O perito judicial é *nomeado* pelo juiz. O assistente técnico é *indicado*, e não nomeado, pela parte.

Anteriormente às modificações introduzidas no Código de Processo Civil, o Art. 430, cujo teor foi revogado, autorizava ao perito e aos assistentes técnicos a lavratura de um laudo unânime, escrito pelo perito e assinado pelos assistentes. Hoje, o laudo do perito é denominado *laudo* e a opinião dos assistentes técnicos sobre o trabalho pericial é denominado *parecer técnico*.

Com relação aos assistentes técnicos, cada parte pagará o seu. É livre a negociação de honorários do assistente técnico com a parte que o contratou, sendo recomendado que ela seja feita com base na tabela do Ibape. Recomenda-se também a elaboração de um pequeno contrato de prestação de serviços celebrado entre o assistente técnico e a parte contratante, para evitar divergências futuras. No mínimo, deve-se apresentar uma proposta de honorários, com a segunda via devolvida ao assistente apondo o *de acordo* pela contratante. No caso de não pagamento, essa proposta servirá de título extrajudicial para uma execução. Caso não haja esse documento, o assistente terá de recorrer ao juiz, que arbitrará seus honorários costumeiramente em dois terços dos salários periciais. O juiz entende que o trabalho do assistente é facilitado por constituir-se apenas em crítica ao laudo judicial. Entretanto, em grande parte dos casos, além de contestar o trabalho judicial, torna-se necessário fazer um novo laudo (parecer técnico) quando os elementos contidos na peça pericial não podem ser aproveitados. Nesse caso, há dois trabalhos, o que onera o serviço do assistente, fazendo jus pelo menos a honorários do mesmo valor que os do perito judicial.

12.5.10 Das decisões soberanas do juiz

O juiz não está adstrito ao laudo judicial, podendo adotar o parecer de um dos assistentes técnicos, desde que haja críticas pertinentes e objetivas. Pode também não aceitar nenhum deles, solicitando nova perícia, ou formar sua convicção com base em outros elementos, inclusive fazendo inspeção judicial (CPC, Arts. 440 a 443).

O juiz costuma ser chamado de *peritus peritorum*, "o perito dos peritos", e tem inteira liberdade para decidir. Contudo, existem dois princípios que dirigem a atuação do magistrado: o da obrigatoriedade de julgar e o da inércia. O princípio da obrigatoriedade de julgar impede o juiz de esquivar-se da missão que o Estado lhe delegou: a de julgar. Por sua vez, o princípio da inércia do juiz dá às partes o ônus de apresentar as provas, não podendo ele, juiz, sair à procura delas. A nomeação do perito serve para esclarecer a matéria técnica que está sendo discutida. Cabe mencionar que inspeção judicial não é busca de provas: é inspeção para esclarecimento de provas já apresentadas.

Costuma-se dizer que a sentença do juiz põe fim ao processo. Na realidade não é bem assim, porque existem recursos contra a sentença judicial, como será visto adiante. No entanto, ela encerra o processo na chamada primeira instância.

Como já mencionado, a sentença contém três partes:

- o relatório;
- a fundamentação;
- o dispositivo.

Um relatório sucinto e objetivo apresentado pelo perito poderá ajudar o juiz nessa primeira parte da sentença e será muito apreciado. O perito que diz muito com poucas palavras está sendo conciso e está valorizando o tempo do juiz, que é escasso.

Na fundamentação, o juiz justifica a decisão tomada na sentença. Se essa justificação não for bem feita, poderá ser alvo de modificações na segunda instância. É importantíssimo que a sentença seja adequadamente motivada para fazer valer seus efeitos caso o processo vá para segunda instância (princípio da dupla jurisdição).

12.6 Dos recursos

Contra as decisões do juiz cabem recursos. O recurso contra a sentença é a *apelação*. De acordo com o Art. 162, § 1º, do Código de Processo Civil: "Sentença é o ato pelo qual o juiz põe termo ao processo, decidindo ou não o mérito da causa". Se uma das partes não se conformar com ela, poderá apelar para a segunda instância, tendo para isso um prazo legal de 15 dias corridos.

Quando a parte discorda de uma decisão intermediária de um juiz, que não põe fim ao processo, mas que produz efeitos nos direitos de cada uma das partes, a parte insatisfeita pode *agravar*. O *agravo* é o recurso contra uma decisão interlocutória do juiz, isto é, contra uma decisão que não põe fim ao processo.

Quando o processo vai para segunda instância, vai para um tribunal de justiça ou alçada, onde o novo julgamento é feito por uma "turma" de juízes e o resultado é denominado *acórdão*, e não mais sentença. Quando o acórdão não for unânime, cabe um recurso chamado de *embargo infringente*.

Quando houver obscuridade ou contradição na sentença ou no acórdão, ou quando for omitido um ponto sobre o qual o juiz ou o tribunal devia ter-se pronunciado, cabe um recurso chamado de *embargo de declaração*.

Quando se tratar de casos de mandado de segurança (para assegurar direito ferido por autoridade), *habeas data* (pedido de dados e informações pessoais guardados por autoridades) e outras medidas chamadas de "remédios" constitucionais, trata-se de *recurso ordinário*.

O *recurso especial* é cabível no caso de decisões que contrariam tratado ou lei federal. O *recurso extraordinário* é utilizado contra decisões que contrariam a Constituição Federal.

Se contra a decisão judiciária (sentença ou acórdão) não couber mais nenhum tipo de apelação ou recurso, diz-se que o processo "transitou em julgado", ou seja, essa decisão passa a valer como lei para os litigantes.

Na sentença, o juiz decide quem arcará com a sucumbência, isto é, a parte perdedora pagará os custos, os honorários advocatícios e periciais e as demais despesas do processo.

12.7 Jargão jurídico

O perito deve acostumar-se a determinadas expressões normalmente utilizadas no jargão jurídico que, a princípio, podem parecer ofensivas ao leigo, mas que significam algo diferente daquilo que se imagina:

- *Experto*: é a denominação dada ao perito. Não tem nada a ver com esperteza (com "s").
- *Laudo imprestável*: é o laudo que não atingiu a finalidade a que se propôs. Não é o laudo que deve ser jogado no lixo.
- *Incapaz*: não é um inepto, mas uma pessoa que não tem capacidade para atuar em juízo, por ser menor de idade, ter debilidade mental etc.
- *Juiz incompetente*: não é um juiz "burro", mas um juiz que não tem competência para atuar em um ramo de direito diverso do seu ou em um local diferente daquele em que exerce sua jurisdição.
- *Tradição*: não quer dizer recordação ou memória, mas sim transmitir ou entregar a coisa.

12.8 Requerimentos dirigidos pelo perito ao juiz

Ao dirigir uma petição ao juiz, o perito deve colocar, na parte superior de seu papel de cartas timbrado, o endereçamento:

> Exmo. Sr. Dr. Juiz de Direito da ... Vara (Cível, por exemplo), do Fórum Central da Capital
>
> 20 espaços
>
> Autos nº ...
> Fulano de Tal, perito judicial nomeado por V. Exa. – nos autos supramencionados, vem requerer...
> (por exemplo, o levantamento do depósito judicial dos seus honorários)
>
> P. deferimento.
> ...., ... de .... de 20...
>
> ______________________________
> Assinatura
> Crea nº
> Ibape nº
> Art. nº

12.9 Principais tipos de ações que envolvem perícias

Do ponto de vista prático, considerando sua maior frequência, as perícias podem ser distinguidas da seguinte forma:

- perícias em desapropriação;
- perícias em casos de avaliação de aluguéis em ações renovatórias, revisionais ou outras similares;
- perícias em ações reais imobiliárias (possessórias, reivindicatórias, usucapiões, divisórias e demarcatórias);
- perícias em medidas cautelares (vistorias) e nunciações de obra nova, ações envolvendo direito de vizinhança. O Cap. 13 apresenta um exemplo de medida cautelar de produção antecipada de provas.

13 EXEMPLO DE PROCESSO JUDICIAL

13.1 Laudo judicial

Exmo. Sr. Dr. Juiz de Direito da 20ª Vara Cível da Capital

CARLOS DE CAMPOS, engenheiro civil, perito judicial nos autos da medida cautelar proposta por ANDRÉ DE LIMA contra ANTÔNIO VAZ DA SILVA, após diligências e estudos, oferece suas conclusões, no seguinte

LAUDO

13.1.1 Preliminares

Inicial

Alega-se na inicial:

- que o Requerente é proprietário do imóvel situado na Rua Laerte Oliveira, 317 – Pinheiros, nesta Capital, enquanto o Requerido é proprietário do terreno situado do lado esquerdo da propriedade do Requerente de quem da rua olha para seu imóvel, sendo certo que a divisa entre o imóvel do ora Requerente e o de propriedade do Requerido, lote nº 4 da quadra 21, era constituída por muro de propriedade do Requerente, codificado por ocasião da construção de sua residência;
- que ocorre, porém, que, há algum tempo, o Requerido efetivou obras de terraplenagem em seu terreno, ao que tudo faz crer, *data*

venia, sem maiores cuidados e cálculos adequados, tendo tais obras desguarnecido o retrorreferenciado muro, e que, na ocasião, e nesses últimos tempos, vinha insistindo com o proprietário do referido terreno, no sentido de lograr a obtenção de melhor segurança para o muro em apreço, sem qualquer êxito, porém;

- que, em data de 6 de junho próximo passado, por volta das 19h30, consoante se demonstra com ajuntada do Boletim de Ocorrência sob nº 3294/83, lavrado no 34º Distrito Policial, o muro de 7,50 m de altura de propriedade da vítima ruiu, levando também um muro perpendicular a este da residência da vítima. Esclarece, outrossim, que a causa de tal desabamento foi a escavação levada a efeito no terreno do indiciado, tudo isto agravado pela chuva. O referido desabamento levou parte do jardim, piscina e quiosque. Os prejuízos são de grande monta, encontrando-se a residência do Requerente em precárias condições para o uso de sua família, fazendo-se mister iniciar obras de recomposição do local imediatamente, pena de ter de mudar-se, ao menos a título provisório;
- que, diante dos fatos e da documentação anexada e havendo fundado receio de que o Requerido possa modificar a atual situação do terreno e das condições mencionadas, prejudicando a prova, e, ainda mais, fazendo-se necessária urgente reparação, que o Requerente já se apresta em providenciar, é mister que se defira, *data maxima venia*, esta produção mediante perícia a ser efetivada por *expert* de confiança do juízo.

13.1.2 Vistoria

Esteve o Perito em diligências na Rua Laerte Oliveira, 317 (foto 1), residência do Requerente, observando que, à sua direita, está o terreno do Requerido, no qual foram realizadas escavações ou desaterro (foto 2), tendo aí ruído o muro, enquanto no terreno do lado esquerdo, onde não houve desaterro, observa-se que o muro se apresenta estável (foto 3). Verificou o Perito que existia um muro de arrimo, construído ou apoiado sobre viga baldrame e esta sobre brocas (conforme as fotos de fls. nº 55 e 60 dos autos, onde se observam tais brocas), tendo desse muro de arrimo restado estável o trecho A do desenho anexo 1, trecho este de muro em que as estacas ou brocas permaneceram engastadas no terreno, ao nível zero, e que, portanto, não houve afetação pelas escavações (foto 4). O trecho de muro desmoronado se refere aos segmentos em que as escavações no terreno do Requerido, embora feitas em dois níveis, não obedeceram às normas e cautelas devidas, ou seja, talude com estabilidade suficiente de proteção às fundações do muro, ou seja, deixando desconfinadas as brocas (*vide* trecho assinalado pelas fotos de fls. nº 21, 22 e 23, e melhor se vê a falta de proteção deixada às bases do muro pelas fotos de fls. nº 24, 25 e 26), ocorrendo, então, *como se disse*, o desconfinamento das brocas, as quais, à época da construção do Requerente, tanto o baldrame quanto as brocas, estavam encravados no solo e com confinamento lateral, conforme se assinala no desenho anexo 2, e, portanto, aproximadamente em dezembro de 1980, com as escavações no terreno do Requerido, com a retirada do solo, e criando uma plataforma no zero, numa profundidade de 25,00 m a partir da frente do terreno, enquanto, ao fundo, ficou uma plataforma ao nível de 3,00 m, na extensão de 8,00 m. Não houve cuidado quanto a garantir a estabilidade do muro e suas fundações ficaram desconfinadas, perdendo sua função de arrimo do terreno lateral, passando a ser estrutura de vedação e revestimento de talude vertical com altura de 6,00 m em seu trecho principal. O desmoronamento do trecho B (desenho anexo 1) ocorreu em virtude de as escavações terem feito com que o muro perdesse a capacidade de contenção do solo, o qual não caíra antes porque o talude vertical teve resistências próprias até quando pôde suportar, quando advieram insistentes chuvas, que, infiltrando nos jardins laterais, propiciaram a saturação do terreno, instabilizando o muro, já prejudicado pelo desconfinamento lateral, com aumento de empuxo de água infiltrada, e reduzindo a tensão de cisalhamento do solo do talude, que concorreram simultaneamente para o desabamento. Assim, observou o Perito o desmoronamento do solo, com quedas de jardins, do piso lateral da casa em granilite (foto 5), um muro transversal (foto 6), piso de pedra mineira da piscina (fotos 7 e 8), exposição e rompimento das tubulações *serviendas* do terreno dos fundos (foto 9), destruição de parte do quiosque (foto 10), rompimento do fundo da piscina (fotos 11, 12, 13, 14, 15, 16 e 17); observaram-se fissuramentos de paredes externas da casa (foto 18). As infiltrações através dos jardins e a atuação da chuva do outro lado não seriam suficientes para desestabilizar o muro, se o mesmo não tivesse sofrido o desconfinamento lateral nas fundações pelas escavações aludidas. Assim, como se assinala no desenho anexo 3:

a. as infiltrações aumentaram as pressões sobre o muro e reduziram a coesão do solo;
b. o empuxo final das pressões de água foi transmitido à estrutura do muro até as brocas;
c. as brocas, achando-se desconfinadas pelas escavações no terreno do Requerido, de maneira que apenas a parte do terreno resistente ficou restrita à pequena cunha de solo, com cerca de 80 cm de base, provocaram então o escorregamento, quando o empuxo transmitido para as brocas

igualou a resistência do solo na base dessa cunha. Assim, o desmoronamento da cunha de resistência passiva se deu e o muro de arrimo desabou, e o solo que se achava arrimado por trás do muro sofreu o deslizamento pela redução da resistência do terreno saturado com água. O trecho A do muro de arrimo, cujas brocas não sofreram desconfinamento, resistiu sem nenhum problema, tanto com o aumento do empuxo de água quanto com a perda de resistência com a ocorrência de pressões neutras.

13.1.3 Conclusões

As escavações levadas a efeito no terreno do Requerido originaram desconfinamento das fundações do muro de arrimo no trecho B do imóvel do Requerente, zerando a capacidade de contenção do talude. Daí sobreveio o desmoronamento do muro e o deslizamento do solo do talude, por ocasião das chuvas, com aumento de empuxo e redução de resistência do solo.

As razões acima se evidenciam quando se verifica que o trecho A do muro, que arrima aterro na altura de 3,00 m, sob as mesmas condições de desfavorabilidade no período de chuvas, tendo sido igualmente dimensionado, permanece estável, porque suas fundações não foram desconfinadas.

13.1.4 Quesitos

Quesitos do requerente (fls. nº 41 e 42)

1. Com base nas fotos da situação anterior, juntadas com a peça inicial, reconstitua e descreva o Sr. Perito o estado primitivo do terreno desaterrado e do muro da divisa, através dos vestígios e sinais que remanesceram após o corte;

R. – *Vide* item 2 e anexos.

2. Qual a estabilidade aparente do muro na situação acima, isto é, antes do desaterro? Qual a carga, então, nos trechos do muro ora desabados? Estavam tais trechos dimensionados para suportá-la? Verificar através de prospecção e observação no local;

R. – *Vide* resposta anterior e itens 2 e 3.

3. Descreva o Sr. Perito, através das fotos e visita ao local, o desaterro realizado, indicando em corte as diferenças de nível aproximadas entre a base do muro e a cota da escavação;

R. – *Vide* item 2.

4. Ao que se depreende das fotos juntadas e vistoria, informe o Perito se foram tomadas, durante e após a escavação, as cautelas necessárias e as medidas recomendáveis de proteção aos vizinhos e se foram obedecidos os requisitos técnicos mínimos na execução do desaterro;

R. – *Vide* considerações do item 2, nas quais se abordou tal questão.

5. Qual a carga atuante sobre a parede anterior do muro, não atingida, após o corpo da garagem? O dimensionamento desse trecho era o mesmo que o das partes que ruíram? Qual a diferença de nível entre a base do muro e a cota da escavação? O desaterro alterou, nesse trecho, a estabilidade existente? Por que razão não houve dano nessa parte? O esforço que aí atuava era igual ao que agia na parte posterior, desabada?;

R. – *Vide* itens 2 e 3.

6. Face às respostas anteriores, diga o Perito se a escavação realizada rente ao muro de divisa provocou a perda total da estabilidade existente, conduzindo à ocorrência do desabamento;

R. – É o que concluiu o Perito nos itens 2 e 3 do presente laudo.

7. Quais os danos e prejuízos reais ocorridos com o desabamento, incluindo a reconstituição do muro da divisa atingido, os pisos, as instalações elétricas, hidráulicas e especialmente a piscina situada nos fundos? Em quanto deve ser orçado o montante dos prejuízos a fim de que se torne à situação primitiva?

R. – O Perito, tendo em vista os danos apontados, além de refazimentos hidráulicos, elétricos, em razão dos orçamentos coletados, apresentados ao Perito pelo ilustre Assistente Técnico (anexos 4, 5 e 6), após devidamente analisados e estudados, considera o valor R$ 16.000,00 mais os reparos da piscina em R$ 2.500,00.

O presente laudo consta de 6 (seis) folhas datilografadas, das quais 5 (cinco) rubricadas e esta última datada e assinada, mais fotografias e anexos.

São Paulo, 30 de junho de 1999

____

Carlos de Campos
Eng. Civil – Crea/SP

13.2 Parecer técnico divergente

GENÉSIO DE ARRUDA RIBEIRO, engenheiro civil, assistente técnico indicado por ANTÔNIO VAZ DA SILVA, nos autos da MEDIDA CAUTELAR contra ele requerida por ANDRÉ DE LIMA, tendo examinado o laudo do perito oficial e não podendo concordar com o mesmo, vem apresentar as seguintes

RAZÕES DE DIVERGÊNCIA

1. O autor é proprietário do imóvel situado na Rua Laerte Oliveira, 317 – Pinheiros, nesta Capital, onde, no dia 6/6/99, ocorreu o desabamento do muro de arrimo e de fecho da sua divisa esquerda (observador da rua), o qual, segundo alega o Requerente, ruiu em consequência de escavações procedidas pelo réu, no terreno vizinho, de sua propriedade.
   Com a finalidade de preservar as provas e por entender urgente a reparação de seu imóvel, requereu a presente medida com o objetivo de apontar a origem dos danos e o custo das reparações necessárias, bem como o de fixar a situação dos fatos e das consequências do ocorrido.
2. O perito judicial relatou o que observou na vistoria e concluiu, através do seguinte, abaixo resumido:
   I. que, no local, constata-se haver desmoronado, no imóvel do autor, um trecho de muro de arrimo, com quedas de jardim, do piso lateral, de um muro transversal, de um piso de pedra mineira da piscina, rompimento das tubulações *serviendas* do terreno de fundos, destruição de parte de um quiosque e rompimento do fundo da piscina;
   II. que o desconfinamento das brocas oriundo das escavações levadas a efeito no terreno do Requerido foram a causa do desabamento parcial do muro;
   III. que, para as obras de reparo do imóvel do autor, o valor dos orçamentos apresentados atinge a importância de R$ 16.000,00 mais R$ 2.500,00 correspondentes aos reparos da piscina.
3. Não podemos concordar com o laudo judicial pelas seguintes razões:
   I. Não foi exibido projeto de cálculo para a construção do muro, razão pela qual não se sabe se o muro foi calculado para resistir à pressão de um jardim com uma piscina.

II. As brocas não tiveram a profundidade suficiente para prever eventual desaterro.

III. As fotografias do local mostram que as banquetas de proteção ainda lá estão, no fundo e lateralmente, e apenas a banqueta de terra lateral com o Requerente foi descalçada pela ruptura do tubo das águas de servidão. Ora, se as banquetas serviram para conter os demais taludes, por que só a parte por onde passam os tubos de servidão desmoronou?

IV. Examinando os escombros originários do desmoronamento, verificamos que os tubos por onde passavam as águas de servidão são feitos de material e espessura inadequados.

V. A ruptura desses canos acarreta um grande aumento de pressão sobre o muro, pelo encharcamento da terra, e pode ser apontada como causa suficiente para o desabamento.

VI. De acordo com as fotos 6 e 7, as extremidades dos canos junto ao meio-fio encontravam-se totalmente obstruídas por amassamento e entupimento.

4. Em vista do exposto, o signatário não pode concordar com as conclusões do laudo judicial, tendo em vista que o muro visivelmente não foi dimensionado para conter a quantidade de terra e a piscina que se encontravam no terreno do Requerente, bem como a canalização de água de servidão não apresentava condições de conter a água transportada. Os vazamentos ocorridos na canalização aumentaram a pressão do aterro, tendo ocorrido por consequência o desabamento do muro, cuja fragilidade não foi suficiente para suportar o esforço.

5. Vai o presente PARECER TÉCNICO digitado em 3 (três) folhas, todas elas rubricadas, e esta última datada e assinada com mais três anexos.

São Paulo, 1º de julho de 1999

____

Genésio de Arruda Ribeiro

Eng. Civil – Crea/SP

13.3 Parecer técnico concordante

Exmo. Sr. Dr. Juiz de Direito da 20ª Vara Cível da Capital

SÉRGIO DE ALBUQUERQUE, infra-assinado, engenheiro civil, assistente técnico indicado por ANDRÉ DE LIMA, nos autos da MEDIDA CAUTELAR por ele requerida contra ANTÔNIO VAZ DA SILVA, tendo examinado o laudo do ilustre perito oficial e não encontrando motivos para divergir do mesmo, vem apresentar os motivos de sua concordância por meio do seguinte

PARECER TÉCNICO CONCORDANTE

1. Trata-se de um imóvel de propriedade do Autor, localizado na Rua Laerte Oliveira, 317 – Pinheiros, nesta Capital. No dia 6/6/99, desabou o muro de arrimo da divisa esquerda do terreno do Autor (observador olhando da rua), por consequência, segundo alega, de escavações procedidas pelo Réu, no terreno vizinho, de propriedade dele, Réu. Com receio de que o Requerido pudesse modificar a situação atual do terreno e, principalmente, em virtude de se fazer necessária a urgente reparação de seu imóvel, requereu a presente medida com o objetivo, segundo os quesitos formulados, de registrar os fatos e as consequências do ocorrido, bem como apontar-lhes a sua origem e o custo das reparações necessárias.
2. O digno perito nomeado pelo Juízo, após relatar o que observou na vistoria e documentar, fotograficamente, o que existia no local, concluiu, a respeito dos objetivos da medida cautelar, o seguinte, em resumo: (I) que, no local, constata-se haver ruído, no imóvel do autor, um trecho de muro de arrimo, com quedas do jardim, do piso lateral, de um muro transversal, de um piso de pedra mineira da piscina, rompimento das tubulações *serviendas* do terreno de fundos, destruição de parte de um quiosque e rompimento do fundo da piscina; (II) que as escavações levadas a efeito no terreno do requerido foram a causa do desabamento parcial do muro, por terem originado o desconfinamento das brocas das fundações do citado trecho de muro de arrimo, anulando a capacidade de contenção do talude, cujo empuxo foi aumentado por ocasião das chuvas; (III) que a confirmação disso é o fato de outro trecho do mesmo muro de arrimo se manter intacto, por não ter

sido afetado pelas escavações, permitindo, com isso, terem permanecido engastadas ao solo e confinadas as brocas de suas fundações, apesar de sofrerem os mesmos efeitos das chuvas que o outro trecho desmoronado; e (IV) que, para as obras de reparo do imóvel do autor, os orçamentos apresentados como anexos 4, 5 e 6 a seu laudo (válidos para as datas dos mesmos) atingem o valor de R$ 16.000,00 mais R$ 2.500,00 correspondentes aos reparos da piscina.

3. Este assistente concorda plenamente com o laudo judicial e, em especial, com as conclusões do mesmo, por estarem baseadas em fatos fartamente justificados e considerações de ordem técnica devidamente fundamentadas. Embora a responsabilidade da escavação do réu tenha sido suficientemente demonstrada, cabe ainda tecer algumas considerações a respeito das alegações em contrário contidas na contestação.
   I. É falsa a afirmativa do réu de que o muro não teria sido tratado de acordo com as especificações técnicas, pois resulta de projeto de empresa de engenharia renomada no meio técnico, o qual, examinado, se mostrou dentro das Normas Técnicas usuais.
   II. Não é verdade a afirmação de que os canos da piscina seguramente dão na rede de esgotos que vem, em servidão, do imóvel lindeiro e passa junto ao muro desmoronado. Na realidade, as canalizações da piscina correm ao longo da outra divisa do terreno do autor, isto é, naquela oposta à do réu.
   III. A ocorrência dos alegados vazamentos de forma alguma poderia provocar o tombamento do muro sem que antes tivesse sido feita a escavação do terreno do réu.
4. Nada mais havendo a acrescentar e por concordar integralmente com as respostas aos quesitos dadas pelo perito oficial, vai o presente Parecer Técnico digitado em 3 (três) folhas, todas elas rubricadas no anverso, e esta última datada e assinada.

São Paulo, 2 de julho de 1999

____

Sérgio de Albuquerque
Eng. Civil – Crea/SP

13.4 Ilustração da perícia

Os desenhos apresentados nas Figs. 13.1 a 13.3 foram idealizados pela Arq. Dra. Andreína Nigriello e foram decisivos para o êxito da ação.

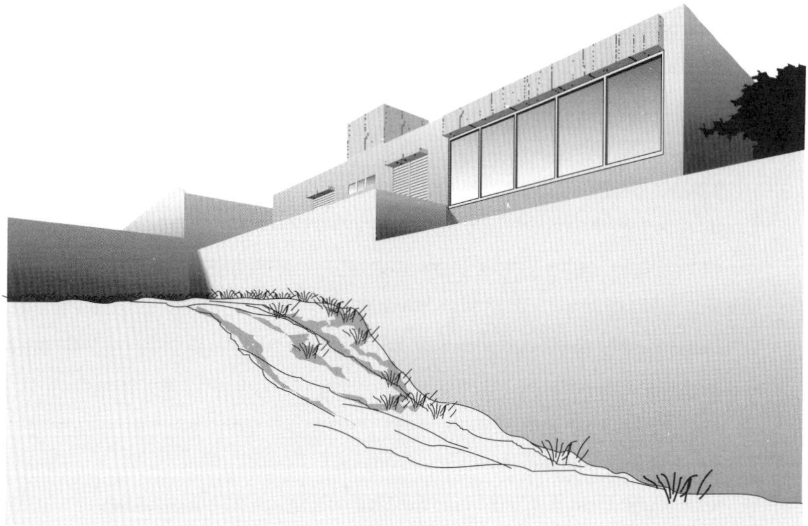

Fig. 13.1 *Situação primitiva*

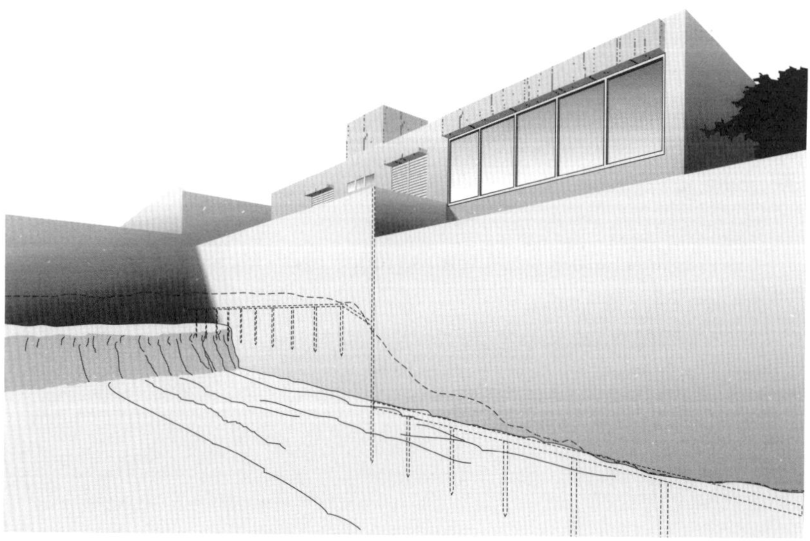

Fig. 13.2 *Situação após a escavação*

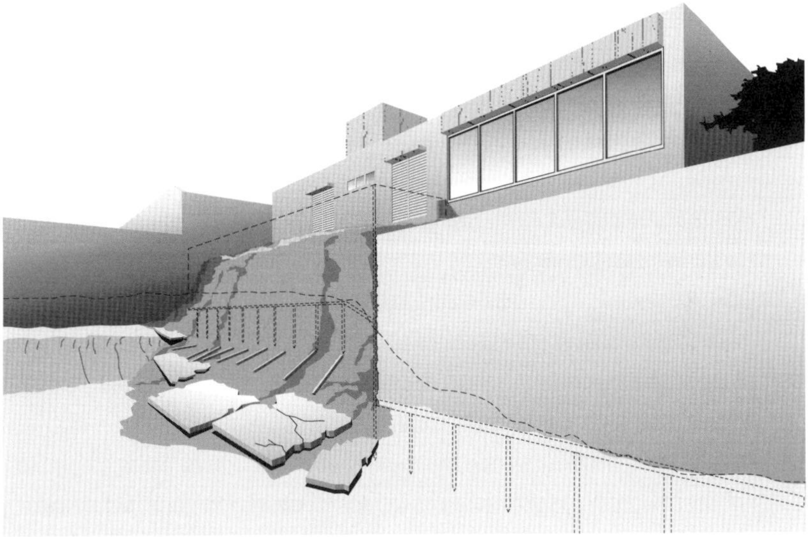

Fig. 13.3 *Situação após a queda do muro*

13.5 Análise do laudo do perito e dos pareceres técnicos dos assistentes do autor e do réu

1. O laudo do perito judicial, sob o ponto de vista da sua *estrutura lógica*, contém:

- Uma *introdução*, correspondente à primeira seção (Preliminares), que tentou resumir os termos em que estava posta a demanda.

  Nessa introdução, o perito estendeu-se por demais nas alegações das partes, copiando praticamente os autos.

  Na verdade, resolvemos suprimir parte do texto por respeito ao leitor deste livro. O perito deveria ter procedido de forma semelhante, isto é, deveria ter poupado o Excelentíssimo Magistrado de ler duas vezes os autos, dado que seu tempo é por demais precioso para deter-se em aspectos pouco relevantes do laudo e que nada acrescentam ao que já havia sido exposto na inicial. Os parágrafos são extensos, com abusiva utilização de vírgulas em detrimento do ponto final, que tornaria o texto mais objetivo, mais claro e menos cansativo de ser lido.
- *Vistoria*, em que se expõem os fatos que levam às conclusões técnicas. Nesse ponto, o vistor oficial não se limita a copiar os autos como o fizera na introdução. Entretanto prossegue nos parágrafos longos, com abundância

de vírgulas e repetição desnecessária de fatos, como o desconfinamento das brocas. A repetição é tão flagrante que o próprio experto reconhece esse procedimento, quando afirma "como se disse", expressão propositalmente por nós grifada.

- *Confirmação*, em que o perito expõe a sua tese, começando por "O desmoronamento do trecho B ocorreu em virtude de [...]" e terminando com um resumo que vai até o trecho "[...] com a perda de resistência com a ocorrência de pressões neutras".

  Esse é o esteio do laudo e representa o que o juiz quer realmente saber. Nessa parte o perito se atém mais à parte técnica, utilizando-se de terminologia precisa, embora nem sempre esclarecendo muito bem o significado dos termos técnicos empregados.

  Em alguns seminários onde tivemos a oportunidade de ouvir a opinião que os nobres magistrados têm sobre os laudos periciais em geral, sobressai a queixa constante da falta de clareza na exposição. Alguns juízes chegam a declarar que nomeiam o perito para explicar a parte técnica, e não para complicar.

  Alguns termos que, para nós, técnicos, são óbvios, não são tão esclarecidos assim para o julgador. Nesse processo, cujos laudos e pareceres técnicos foram adaptados ao livro para fins didáticos, mas que são verdadeiros, o juiz chegou a perguntar se as brocas eram verticais e se as vigas baldrames eram horizontais. Portanto, não vamos abdicar da precisão da linguagem técnica, mas não nos esqueçamos de esmiuçar o seu significado para o juiz.

- *Conclusões*, em que o perito concluiu de maneira resumida como devem ser as conclusões finais e passa a responder aos quesitos.

  Como os quesitos presumem muitas descrições, o perito remete o juiz ao item correspondente onde estão explícitas tais descrições e o faz com acerto.

  Nos quesitos que se referem a valor, como por exemplo o de nº 7, é recomendável que se decline o valor, antes de remeter o juiz ao item correspondente: "O valor é de R$ ..., conforme item nº ... ou anexos nº ...", conforme fez o perito.

  Nos quesitos que presumem resposta positiva ou negativa, é recomendável que, além do *sim* ou *não*, o perito se estenda em maiores considerações sobre o que foi perguntado. O juiz não gosta de respostas monossilábicas do tipo *sim* ou *não*. Sonegação de informação pode prejudicar a decisão judicial.

  Sob o ponto de vista técnico, o laudo judicial apresenta-se bastante completo e convincente, nada havendo a acrescentar sobre o que o perito disse e concluiu.

2. O laudo de parecer técnico (não é laudo, pois, de acordo com o Código de Processo Civil, manifestação do assistente técnico chama-se parecer técnico) do assistente do Requerido tem a seguinte estrutura:

- *Introdução*, que relata as razões do requerimento da medida cautelar.
- *Descrição dos fatos* relatados pelo experto do juízo decorrentes da vistoria.
- *Confirmação*, em que o assistente expõe a sua tese, consolidando sua divergência do laudo oficial.
- *Conclusões*, em que confirma a divergência e conclui.

Do ponto de vista de redação, o parecer técnico apresenta-se sucinto, com um bom poder de síntese sobre as razões da divergência. Esse poder de síntese agrada ao juiz, que consegue rapidamente absorver o teor das divergências sem maiores delongas e, portanto, sem perda de tempo.

Entretanto, do ponto de vista técnico, o parecer deixa a desejar por não atacar o problema vital, que é o do desconfinamento das fundações, e ater-se apenas a eventuais problemas circunstanciais. O assistente não conseguiu provar o alegado vazamento nem a alegada ruptura dos tubos. E o juiz decide motivado por provas, as quais não foram apresentadas.

3. O parecer técnico do assistente do Requerente também possui:

- *Introdução*, um breve histórico sobre as razões que levaram a requerer a medida cautelar.
- *Descrição dos fatos* relatados pelo vistor oficial decorrentes da vistoria.
- *Confirmação*, em que o assistente expõe as razões de sua concordância.

O parecer técnico apresenta-se também sucinto, sintetizando de maneira bastante competente as razões da concordância com o laudo oficial.

Do ponto de vista técnico, rebate todas as críticas do Requerido ao laudo oficial e argumenta de maneira sólida e convincente, apontando a verdadeira causa do desmoronamento e dando o devido tratamento a eventuais circunstâncias que, ainda que verdadeiras fossem, não teriam dado causa ao desabamento, sem o desconfinamento das fundações.

De passagem, derruba o argumento de eventual vazamento no escoamento da piscina, visto que ela desaguava pela outra divisa do terreno do Requerente, isto é, naquela oposta à do Requerido.

Tal argumentação demonstra que o assistente técnico do Requerido sequer se preocupou em examinar detidamente o problema.

14

NOVAS EXIGÊNCIAS NORMATIVAS PARA LAUDOS DE AVALIAÇÕES

A Associação Brasileira de Normas Técnicas (ABNT) está, a partir de agora, mudando seus critérios de classificação das avaliações de bens.

Em vez dos níveis de rigor anteriormente definidos, a norma de avaliação de bens NBR 14653-1 (ABNT, 2001) estabeleceu o critério da especificação dos trabalhos avaliatórios quanto à fundamentação e precisão:

> A fundamentação será função do aprofundamento do trabalho avaliatório, com o envolvimento da seleção da metodologia em razão da confiabilidade, qualidade e quantidade dos dados amostrais disponíveis.
> A precisão será estabelecida quando for possível medir o grau de certeza e o nível de erro tolerável numa avaliação. Depende da natureza do bem, do objetivo da avaliação, da conjuntura de mercado, da abrangência alcançada na coleta de dados (quantidade, qualidade e natureza), da metodologia e dos instrumentos utilizados. (Item 9 – "Especificação das avaliações").

Outra novidade apresentada pelas atuais normas é quanto ao nível de detalhamento na apresentação do laudo, que pode ser:

> 1. simplificado – contém de forma sucinta as informações necessárias ao seu entendimento.
> 2. completo – contém todas as informações necessárias e suficientes para ser autoexplicável. (Item 10.2 – "Modalidades").

E, finalmente, para atender às condições específicas entre as partes contratantes, caso típico do laudo interno, principalmente de grandes empresas e repartições públicas, as atuais normas apresentam a modalidade do laudo de avaliação de uso restrito: "Obedece a condições específicas pré-combinadas entre as partes contratantes, não tendo validade para outros usos ou exibição para terceiros" (item 10.3 – "Laudo de avaliação de uso restrito").

A apresentação do laudo de avaliação deverá conter, no mínimo, as informações relacionadas a seguir:

> a. identificação da pessoa física ou jurídica e/ou seu representante legal que tenha solicitado o trabalho;
> b. objetivo da avaliação;
> c. identificação e caracterização do bem avaliando;
> d. indicação do(s) método(s) utilizado(s), com justificativa de escolha;
> e. especificação da avaliação;
> f. resultado da avaliação e sua data de referência;
> g. qualificação legal completa e assinatura do(s) profissional(is) responsável(is) pela avaliação;
> h. local e data do laudo;
> i. outras exigências previstas nas demais partes desta norma. (Item 10.1 – "Requisitos mínimos").

A avaliação de nível normal passa a ser chamada de *tratamento por fatores*, e a de nível rigoroso passa a ser denominada *tratamento científico*.

Ambos os tratamentos possuem tabelas de exigências e números de pontos para que possam ser classificadas em níveis I, II e III de fundamentação e níveis I, II e III de precisão.

Esses níveis são valorizados de forma ascendente, sendo o I o menos fundamentado e de menor precisão, e o III, o mais fundamentado e de maior precisão.

15

ENSINO DE AVALIAÇÕES E PERÍCIAS NAS ESCOLAS DE ENGENHARIA

Com o grande número de desapropriações realizadas pela Prefeitura Municipal de São Paulo (Av. Jacu-Pêssego, nova Av. Faria Lima), pelo metrô (linhas Norte-Sul e Leste-Oeste) e pela Dersa nas obras do Rodoanel, desenvolveram-se sobremaneira os estudos e as técnicas da Engenharia de Avaliações e Perícias.

A importância desses estudos para que os desapropriados recebam o justo valor de mercado é sobejamente conhecida. As indenizações podem se dar por simples escrituras de desapropriação amigável, quando o proprietário do imóvel expropriado aceita o valor oferecido pelo poder expropriante, ou por via judicial, em que a indenização é fixada através de sentença.

Em ambos os casos, o domínio das técnicas da Engenharia de Avaliações é fundamental. É importante para o engenheiro (perito e assistente de partes) que elabora o laudo de avaliação; para o juiz, que, ao julgar, fixa o justo valor a ser pago ao desapropriado e que deve ter noções básicas sobre o assunto; e para os advogados, que calcam suas defesas nos laudos periciais.

Juízes e advogados aprendem a conhecer avaliações e perícias de engenharia mediante a lide diária, ao contrário do que acontece com perícias médicas, sobre as quais são ministrados dois anos de Medicina Forense na Faculdade de Direito da Universidade de São Paulo.

As perícias de engenharia servem como prova pericial nas mais variadas ações de Direito Civil, como Desapropriação, Renovatórias e Revisionais de Aluguéis, Perdas e Danos em Construção Civil, Usucapião, Possessórias, Reivindicatórias etc. As perícias médicas servem para um universo bem mais limitado, que é o do Direito Penal. Entretanto, dedicam-se dois anos ao seu estudo na faculdade de Direito, como já mencionado, e um tempo apreciável também na faculdade de Medicina, no campo da Medicina Legal.

A pergunta que se faz é por que igual importância não é dada à matéria que denominamos Engenharia Legal (Avaliações e Perícias de Engenharia) e por que essa disciplina não faz parte dos currículos das faculdades de Direito (pelo menos os conceitos básicos) e das faculdades de Engenharia (de forma detalhada).

A Engenharia de Avaliações e Perícias constitui hoje uma especialização importante no ramo de Engenharia, sendo inúmeros os profissionais que se dedicam a esse ramo do conhecimento técnico e científico. Esses profissionais tiveram que aprender a profissão com a prática ao longo de suas vidas. Formaram-se na "escola da vida" e estão disponíveis para ensinar nas universidades, que são o local apropriado para aprender. Enquanto isso não acontecer, o aluno sairá da faculdade sem essa complementação à sua formação e deverá buscá-la ou em cursos rápidos, heroicamente suportados por institutos de classe, ou em cursos de pós-graduação de especialização, que demandam longo tempo e sacrifício para o profissional que já está atuando no mercado de trabalho.

16 HISTÓRICO DO DESENVOLVIMENTO DAS PRINCIPAIS NORMAS DE ENGENHARIA DE AVALIAÇÕES NO BRASIL

- As primeiras normas de avaliação de imóveis foram organizadas, em 1952, pelo Departamento de Engenharia da Caixa Econômica Federal, sob chefia do Eng. Daro Eston de Eston.
- Em novembro do mesmo ano, o *Anteprojeto de normas para avaliações de imóveis*, de autoria do Eng. Augusto Luiz Duprat, foi submetido a exame da Associação Brasileira de Normas Técnicas (ABNT), que designou para tal fim uma comissão presidida pelo mesmo Duprat. Os trabalhos continuaram até 1956, deles resultando o Anteprojeto P-NB-74 R, de julho/agosto de 1957, da ABNT.
- Em 19 de setembro de 1957, foi criado o Instituto Brasileiro de Avaliações e Perícias de Engenharia (Ibape), que, logo no início, sob a presidência do Eng. Hélio de Caires, criou a comissão especial para estudar o anteprojeto da ABNT. Essa comissão concluiu seus trabalhos em 17 de junho de 1958, apresentando substitutivo ao anteprojeto que, analisado e aceito, passou a constituir a primeira norma do Ibape.
- Em 27 de agosto de 1965, foram publicadas no Diário Oficial da União as normas preparadas em fevereiro do mesmo ano pelo

Instituto de Previdência Social, para seu próprio uso. Semelhante procedimento tem sido efetuado por outras entidades, tais como a Caixa Econômica do Estado de São Paulo, a Companhia do Metropolitano e a Empresa Municipal de Urbanização (Emurb), as duas últimas bem mais recentes.

- Ainda na década de 1960, no período de Faria Lima na Prefeitura de São Paulo, quando se tornou muito grande o número de desapropriações necessárias à abertura de grandes avenidas e à construção do metrô, os juízes das varas municipais resolveram nomear uma comissão de engenheiros idôneos, que se dedicavam a perícias e avaliações judiciais. A primeira comissão foi nomeada pelo juiz da 3ª Vara Municipal para a elaboração de normas em outubro de 1968, e o trabalho apresentado ficou conhecido como *Sugestões de normas gerais para avaliações em desapropriações*. Seguiram-se trabalhos que visavam determinar e justificar os respectivos valores unitários, que serviriam de base para as avaliações.
- Outros trabalhos foram feitos com a mesma finalidade em outubro de 1969, tais como *Preços unitários para avaliações de construções*, alterado para *Valores unitários de avaliações de benfeitorias* pelo juiz da 3ª Vara da Fazenda Municipal.
- Já na década de 1970, em março de 1971, a comissão apresentou *Normas gerais para laudos em desapropriações de terrenos na zona central de São Paulo*.
- Em 7 de março e em 9 de junho de 1972, foram apresentadas *Normas gerais recomendadas para avaliações em desapropriações* e *Desapropriações impondo limitações de uso aos remanescentes*.
- Em novembro de 1972, foi promulgada a Lei do Zoneamento, que alterou o mercado, definindo o lote mínimo e estabelecendo novos recuos e novos índices de utilização dos terrenos, em função das respectivas áreas. Na Assembleia Geral Extraordinária Conjunta do Ibape e da Divisão de Avaliações e Perícias do Instituto de Engenharia, realizada no dia 29 de novembro de 1973, decidiu-se criar uma comissão permanente de revisão e atualização de normas. A comissão trabalhou durante mais ou menos dois anos e desse trabalho resultaram as *Normas para avaliações de imóveis nas desapropriações*.
- Por sua vez, a Comissão de Peritos, valendo-se de subsídios retirados das normas que já estavam em elaboração pela comissão do Ibape e de outros elementos próprios, apresentou novo trabalho em 23 de janeiro de 1975: *Norma para avaliações e laudos em desapropriações das Varas da Fazenda Municipal da capital*, elaborada por determinação dos MM. Juízes das Varas da Fazenda Municipal, através do provimento nº 1/74.

- Em 1977, surgiu a primeira *Norma brasileira para avaliações de imóveis urbanos* (NB 502), da ABNT, cuja principal novidade foi o estabelecimento de níveis de precisão para as avaliações (avaliações de precisão rigorosa, normal ou expedita). Nessa época, a ABNT começou a produzir diversas normas para avaliações, entre as quais se destacam normas para avaliações de imóveis rurais (NBR 8799), para avaliações de unidades padronizadas (NBR 8976), para avaliações de máquinas e equipamentos (NBR 8977) e para avaliações de glebas urbanizáveis (NBR 8951). Nada, porém, de específico foi feito para nortear a avaliação de aluguéis, sendo esse assunto regido pelas normas de avaliações de imóveis vigentes.
- Em junho de 1986, foi procedido um estudo pela Comissão de Peritos nomeada pelo provimento n° 2/86 dos MM. Juízes de Direito das Varas da Fazenda Municipal, que resultou no trabalho *Edificações: valores de venda*, adequado, um ano depois, às condições vigentes no mercado imobiliário, com o estudo *Edificações: valores de venda*. Esses estudos destinam-se especificamente à avaliação de construções, atualizando o trabalho *Valores unitários de avaliações de benfeitorias*, vigente na década de 1970.
- Em 1989, foi revista a *Norma brasileira para avaliação de imóveis urbanos* (NB 502). Nessa norma, os níveis de precisão são transformados em níveis de rigor e a classificação passa a ser expedito, normal e rigoroso. Seguiu-se a ela a *Norma para avaliações de servidões*.
- Em 1995, o Ibape/SP publicou a *Norma para avaliação de imóveis urbanos*, basicamente respeitando a NB 502 de 1989, com algumas alterações. Como norma específica para a cidade e o Estado de São Paulo, desceu a níveis maiores de detalhamento, inclusive caracterizando melhor as zonas de norma, com recomendações de profundidades máximas e mínimas e testadas de referência para cada região, conforme as características de uso.
- Em 2000, foi revista a *Norma brasileira para avaliação de imóveis urbanos* (NBR 5676, também conhecida como NB 502, de 1989). Em seu lugar foram publicadas as normas *NBR 14653-1: avaliação de bens – parte 1: procedimentos gerais* e *NBR 14653-2: avaliação de bens – parte 2: imóveis urbanos*. Nessas normas, desaparecem os níveis de rigor e aparecem as especificações quanto à precisão e quanto à fundamentação. Essas normas também encarregam os institutos regionais de avaliações de calcular fatores de homogeneização apropriados para suas regiões.

- Em 2005, foi publicada a *Norma para avaliação de imóveis urbanos* do Ibape/SP, atendendo à recomendação da ABNT de que cada instituto estadual se encarregasse de apresentar fatores regionais para o cálculo de valores por homogeneização de fatores.

ANEXO I

EXERCÍCIO SOBRE DETERMINAÇÃO DE GRAUS DE FUNDAMENTAÇÃO E PRECISÃO – DO ENGENHEIRO NAVAL E CIVIL ROBERTO LEOMIL GARCIA

Os elementos comparativos desse exemplo estão apresentados a seguir.

Elemento comparativo 1			
Local:			
Uso:	Residencial		
Preço (R$):	380.000,00		
Natureza:	Oferta		
Estado:	d – Entre regular e necessitando de reparos simples		
Áreas (m^2):	Terreno: 120		
	Construção: 150	Declividade:	Plano/aclive até 5%
Padrão:	Casa de padrão simples	Desnível:	Plano/acima até 1 m
Intervalo:	Médio	Consistência:	Seco
Setor:	060	Quadra:	309
IF – 2010 (R$/$m^2$)	583,00		
Fonte:		Data:	Março/2015

Elemento comparativo 2				
Local:				
Uso:	Residencial			
Preço (R$):	480.000,00			
Natureza:	Oferta			
Estado:	d	Entre regular e necessitando de reparos simples		
Áreas (m²):	Terreno:	176		
	Construção:	198	Declividade:	Plano/aclive até 5%
Padrão:	Casa de padrão simples		Desnível:	Plano/acima até 1 m
Intervalo:	Médio		Consistência:	Seco
Setor:	060	Quadra:	310	
IF – 2010 (R$/m²)	592,00			
Fonte:				

Elemento comparativo 3				
Local:				
Uso:	Residencial			
Preço (R$):	380.000,00			
Natureza:	Oferta			
Estado:	c	Regular		
Áreas (m²):	Terreno:	155		
	Construção:	100	Declividade:	Plano/aclive até 5%
Padrão:	Casa de padrão simples		Desnível:	Plano/acima até 1 m
Intervalo:	Médio		Consistência:	Seco
Setor:	060	Quadra:	313	
IF – 2010 (R$/m²)	565,00			
Fonte:				

Elemento comparativo 4			
Local:			
Uso:	Residencial		
Preço (R$):	650.000,00		
Natureza:	Oferta		
Estado:	e	Necessitando de reparos simples	
Áreas (m²):	Terreno:	245	
	Construção:	180	Declividade: Plano/aclive até 5%
Padrão:	Casa de padrão econômico		Desnível: Plano/acima até 1 m
Intervalo:	Médio		Consistência: Seco
Setor:	060	Quadra:	145
IF – 2010 (R$/m²)	592,00		
Fonte:			

Elemento comparativo 5			
Local:			
Uso:	Residencial		
Preço (R$):	550.000,00		
Natureza:	Oferta		
Estado:	d	Entre regular e necessitando de reparos simples	
Áreas (m²):	Terreno:	225	
	Construção:	98	Declividade: Plano/aclive até 5%
Padrão:	Casa de padrão simples		Desnível: Plano/acima até 1 m
Intervalo:	Médio		Consistência: Seco
Setor:	060	Quadra:	145
IF – 2010 (R$/m²)	576,00		
Fonte:			

Elemento comparativo 6

Local:			
Uso:	Residencial		
Preço (R$):	480.000,00		
Natureza:	Oferta		
Estado:	d	Entre regular e necessitando de reparos simples	
Áreas (m²):	Terreno:	200	
	Construção:	70	Declividade: Plano/aclive até 5%
Padrão:	Casa de padrão simples		Desnível: Plano/acima até 1 m
Intervalo:	Mínimo		Consistência: Seco
Setor:	060	Quadra:	171
IF – 2010 (R$/m²)	563,00		
Fonte:			

Elemento comparativo 7

Local:			
Uso:	Residencial		
Preço (R$):	695.000,00		
Natureza:	Oferta		
Estado:	a	Nova	
Áreas (m²):	Terreno:	140	
	Construção:	190	Declividade: Plano/aclive até 5%
Padrão:	Casa de padrão médio		Desnível: Plano/acima até 1 m
Intervalo:	Médio		Consistência: Seco
Setor:	060	Quadra:	148
IF – 2010 (R$/m²)	594,00		
Fonte:			

Elemento comparativo 8				
Local:				
Uso:	Residencial			
Preço (R$):	480.000,00			
Natureza:	Oferta			
Estado:	f	Necessitando de reparos simples a importantes		
Áreas (m^2):	Terreno:	250		
	Construção:	80	Declividade:	Declive até 5%
Padrão:	Casa de padrão econômico		Desnível:	Plano/acima até 1 m
Intervalo:	Médio		Consistência:	Seco
Setor:	060	Quadra:	171	
IF – 2010 (R$/$m^2$)	594,00			
Fonte:				

As tabelas com os cálculos relacionados aos elementos comparativos são mostradas a seguir.

2ª região – casas/comércios/serviços padrão simples a superior			
P_{mi}	25,00	F_r	10,00
P_{ma}	40,00	Frentes	1,00
Localização	401,00	Topografia	1,00
Data da pesquisa		Março/2015	

Elementos comparativos

Elementos comparativos	Valor de oferta (R$)	Oferta	Valor de oferta atualizado (R$)	A_t (m^2)	A_c (m^2)	Localização	Topografia	Frente	Profundidade
1	380.000,00	0,90	342.000,00	120	150	583,00	1,00	8,00	15,00
2	480.000,00	0,90	432.000,00	176	198	592,00	1,00	8,00	29,33
3	380.000,00	0,90	342.000,00	155	100	565,00	1,00	8,00	31,00
4	650.000,00	0,90	585.000,00	245	180	576,00	1,00	6,00	35,00
5	550.000,00	0,90	495.000,00	225	98	576,00	1,00	8,00	28,13
6	480.000,00	0,90	432.000,00	200	70	563,00	1,00	10,00	20,00
7	695.000,00	0,90	625.500,00	140	190	594,00	1,00	3,50	40,00
8	480.000,00	0,90	432.000,00	250	80	594,00	0,95	10,00	25,00

Elementos comparativos						
Elementos comparativos	Classificação	Intervalo	Padrão	Conservação	F_{oc}	Valor de construção (R$)
1	Casa – simples	Médio	1,2280	d	0,6052	131.004,44
2	Casa – simples	Médio	1,2280	d	0,6596	188.469,70
3	Casa – simples	Médio	1,2280	c	0,7411	106.958,01
4	Casa – econômico	Médio	0,9140	e	0,4541	87.792,92
5	Casa – simples	Médio	1,2280	d	0,6052	85.589,56
6	Casa – simples	Mínimo	1,0600	d	0,6052	52.771,60
7	Casa – médio	Médio	1,6110	a	0,9942	357.647,29
8	Casa – econômico	Médio	0,9140	f	0,4072	34.993,84

Tabela de homogeneização								
Elementos comparativos	Valor unitário V_u (R$/m²)	Fator de transposição (F_t)	Fator de topografia (F_{top})	Fator de consistência (F_c)	Coeficiente frente (C_f)	Coeficiente profundidade (C_p)	Coeficiente esquina (C_e)	Total de fatores	Vuhom (R$/m²)
1	1.758,30	0,6878	1,0000	1,0000	1,0574	1,2910	1,0000	0,9389	1.650,95
2	1.383,69	0,6774	1,0000	1,0000	1,1362	1,0000	1,0000	0,7696	1.064,92
3	1.516,40	0,7097	1,0000	1,0000	1,1892	1,0000	1,0000	0,8440	1.279,87
4	2.029,42	0,6962	1,0000	1,0000	1,1362	1,0051	1,0000	0,7950	1.613,46
5	1.819,60	0,6962	1,0000	1,0000	1,0574	1,0000	1,0000	0,7361	1.339,48
6	1.896,14	0,7123	1,0000	1,0000	1,0000	1,1181	0,9091	0,7240	1.372,77
7	1.913,23	0,6751	1,0000	1,0000	1,1892	1,0000	1,0000	0,8028	1.535,96
8	1.588,02	0,6751	0,9500	1,0000	1,0000	1,0000	1,0000	0,6413	1.018,45

Média	
Média saneada	1.359,48
Limite superior	1.767,33
Limite inferior	951,64
Desvio padrão	220,96

Precisão		
Média	1.359,48	
Intervalo de confiança	80%	
$n-1$	7	
n	8	
t-Student	1,41500	
Desvio padrão	220,96	
Raiz de n	2,83	
Resultado	110,54	
Máx.	1.470,02	
Mín.	1.248,94	
% em torno da média	16,26	< 30%

Enquadrado no grau II

Elementos média saneada	V_u (R$/m²)
1	1.834,04
2	1.155,01
3	1.399,15
4	1.714,14
5	1.430,70
6	1.477,11
7	1.689,87
8	1.080,67

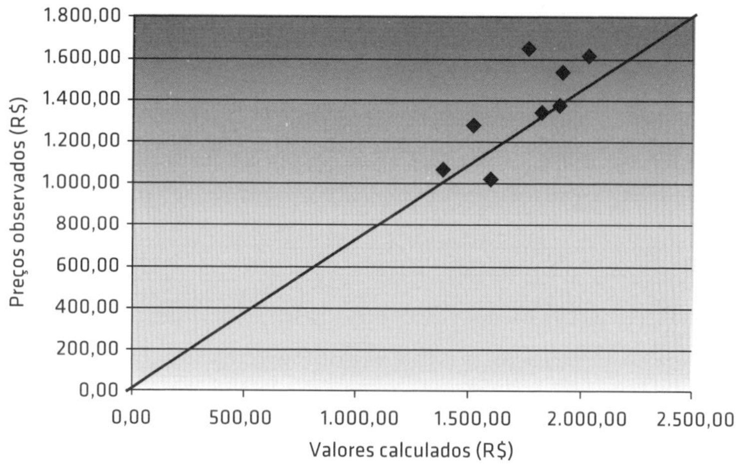

REFERÊNCIAS BIBLIOGRÁFICAS

ABNT – ASSOCIAÇÃO BRASILEIRA DE NORMAS TÉCNICAS. *NBR 5676*: avaliação de imóveis urbanos. Rio de Janeiro, 1989.

ABNT – ASSOCIAÇÃO BRASILEIRA DE NORMAS TÉCNICAS. *NBR 14653-1*: avaliação de bens – parte 1: procedimentos gerais. Rio de Janeiro, 2001.

CAIRES, H. *Engenharia de avaliações*. Instituto Brasileiro de Avaliações e Perícias de Engenharia. São Paulo: Pini, 1974a.

CAIRES, H. Avaliação de glebas. In: *Engenharia de avaliações*. 1. ed. São Paulo: Pini, 1974b.

CAJUFA – CENTRO DE APOIO AOS JUÍZES DA FAZENDA. *Normas para Avaliações de Imóveis na Capital*. São Paulo, 2013.

CANDELORO, M. *Avaliação de aluguéis*. São Paulo: Pini, 1991.

CANTEIRO, J. R. *Construções*: seus custos de reprodução na capital de São Paulo. São Paulo: Pini, 1971.

CANTEIRO, J. R. *Construções, seus custos de reprodução na capital de São Paulo, de 1939 a 1979*; terrenos: subsídios à técnica da avaliação. São Paulo: Pini, 1981.

CARNEIRO, E. W.; MEDEIROS JR., J. R. Critérios de cálculo facilitam avaliações urbanas. *Engenharia*, nº 290, ago. 1967.

GATTO, O. A.; TEIXEIRA, J. *Matemática financeira e análise de investimentos*. Apostila de curso ministrado no Ibape/SP. [s.d.].

IBAPE – INSTITUTO BRASILEIRO DE AVALIAÇÕES E PERÍCIAS DE ENGENHARIA. *Apostila do curso básico de avaliações de imóveis urbanos*, 2000.

IBAPE/SP – INSTITUTO BRASILEIRO DE AVALIAÇÕES E PERÍCIAS DE ENGENHARIA DE SÃO PAULO. *Glossário de terminologia básica aplicável à engenharia de avaliações e perícias do Ibape/SP*. São Paulo, 2002.

IBAPE/SP – INSTITUTO BRASILEIRO DE AVALIAÇÕES E PERÍCIAS DE ENGENHARIA DE SÃO PAULO. *Norma para avaliação de imóveis urbanos*. São Paulo, 2011.

IBAPE/SP – INSTITUTO BRASILEIRO DE AVALIAÇÕES E PERÍCIAS DE ENGENHARIA DE SÃO PAULO. *Valores de edificações de imóveis urbanos*. São Paulo, 2017.

IBAPE/SP – INSTITUTO BRASILEIRO DE AVALIAÇÕES E PERÍCIAS DE ENGENHARIA DE SÃO PAULO. *Tabela de coeficientes de 07/02/2018*. São Paulo, 2018.

MEDEIROS JR., J. R. Palestra no Seminário Paulista do Ibape/SP. 1992.

MEDEIROS JR., J. R.; PELLEGRINO, J. C. Método do custo: o terceiro componente. In: IBAPE/SP. *Avaliações para garantias*. 1. ed. São Paulo: Pini, 1983.

MOTTA NETTO, A. A.; SIMÕES, R. C. Avaliações de imóveis. In: I CONGRESSO DE ENGENHARIA DE AVALIAÇÕES. *Anais*... 1. ed. São Paulo: Pini/Ibape, 1978.